Keysers
Sammler-
bibliothek

Hans Eckstein

Der Stuhl

bestimmen
bewerten
erhalten

Keysers
Sammler-
bibliothek

Der Stuhl
Funktion – Konstruktion – Form. Von der Antike bis zur Gegenwart

Hans Eckstein

Keyser

Der Verlag dankt den in den jeweiligen Bildunterschriften genannten Firmen, Kunsthändlern, Museen, Sammlern und Verlagen sowie den Fotografen F. L. Kenett, S.-R. Gnamm, E. Manon und E. Niebuhr für die Zuverfügungstellung des Bildmaterials.

CIP-Kurztitelaufnahme der Deutschen Bibliothek

Der Stuhl:
Funktion, Konstruktion, Form;
von d. Antike bis zur Gegenwart/Hans Eckstein. –
1. Aufl. – München: Keyser, 1977.
(Keysers Sammlerbibliothek)
ISBN 3-87405-103-X
NE: Eckstein, Hans [Bearb.]

Umschlagentwurf: Mendell & Oberer Graphic Design, München
Druck und Bindung: W. F. Mayr, Miesbach
Printed in Germany

Inhalt

Vom Götterthron zum Menschensitz

Von allen Möbeln erfüllt der Stuhl den Sinn, den das Wort Möbel seinem sprachlichen Ursprung nach hat (*mobilis* = beweglich, *movere* = bewegen), am vollkommensten; er ist das beweglichste Möbel. Im allgemeinen gehört es zu den ersten und wesentlichsten Forderungen, die an den Stuhl gestellt werden, daß er leicht beweglich sei – im Gegensatz zum Kastenmöbel, das als festeingebautes Wandelement an Nutzwert gewinnt.

Der Stuhl ist das dem Menschen nächste, seinem Körper angemessenste Möbel, kein anderes dient seinen physischen wie auch seinen psychischen Bedürfnissen bei Ruhe, Erholung, Essen und Arbeit so unmittelbar. Deshalb hat der Mensch auch für kein anderes Möbel so vielgestaltige Formen geschaffen. Bei diesen Formfindungen mag der *homo ludens* wie immer tätig geworden sein, die Vielfalt der Formen wird jedoch wesentlicher durch die Funktion und Konstruktion des Sitzmöbels als durch ästhetische Wünsche bedingt. Die flächigen oder skulpturalen dekorativen Elemente sind jedenfalls für die Erscheinung der Gestalt der Stühle weniger bestimmend als die funktionalen und konstruktiven Bedingtheiten. Daher ist die Geschichte des Stuhls in erster Linie eine Geschichte der Stuhlfunktionen und -konstruktionen. In ihr haben die jeweiligen Sitzbedürfnisse, Sitzgewohnheiten, Sitzwünsche, -sitten und -vorschriften ihren Ausdruck gefunden. Je differenzierter diese und die Wohnsitten im Laufe der Zeiten und in den verschiedenen Kulturkreisen geworden sind, desto mehr haben sich die Stuhltypen und -formen vervielfacht. So sind sie auch aufschlußreiche Dokumente der Menschheits-, Kultur- und Sittengeschichte.

Vielfalt der Formen

Sitzen ohne Stuhl

Es liegt nahe anzunehmen, daß der Mensch, ehe er sich künstliche Sitze schuf, Steine, Holzstücke, Baumstämme und dergleichen zum Sitzen verwendete, dem künstlichen Sitz also der Natursitz vorausging. Doch mit Ausnahme etwa der Eskimos, die in ihren Zelten auf Walfischwirbeln sitzen, hat der primitive Mensch wohl kaum Natursitze in seiner Behausung verwendet. Wir, die wir in des Wortes doppelter Bedeutung Stuhl-›Besitzende‹ sind, vermögen uns schwer vorzustellen, daß die noch stuhllose Menschheit das Bedürfnis, so zu sitzen, wie wir es gewohnt sind, gar nicht kannte. Die natürliche und ursprüngliche Sitzhaltung war jedenfalls das Kauern und Knien auf dem flachen Boden. Schriftsteller berichten von den Kelten, daß sie keine Stühle hatten, sondern auf dem Boden kauerten. In das 3./2. Jahrhundert v. Chr. ist die mit untergeschlagenen Beinen hockende Statue eines Mannes aus dem dem Heroenkult gewidmeten Heiligtum der kelto-ligurischen Salluvier in Roquepertune (Département Bouches-du-Rhône) im Musée Borély in Marseille zu datieren. Von den Germanen berichtet Tacitus, daß sie auf Fellen und Matten saßen und lagen. Die Japaner kauern noch heute auf Matten und Kissen, erst unter europäischem Einfluß haben auch Sitzmöbel dort Eingang gefunden, die aber immer noch selten sind. Das Sitzen auf Stühlen, Bänken etc. ist also keineswegs nur in hoch entwickelten Kulturen üblich. Allerdings hat es schon in der jüngeren Steinzeit neben festen Stein- und Lehmbänken auch bewegliche aus Holz gezimmerte Bänke, in der Bronzezeit sogar schon Faltstühle gegeben.

Der Stuhl als privilegierter Sitz

Wann immer der Mensch sich bewegliche künstliche Sitze in Form von Hokkern, Faltstühlen und Lehnstühlen geschaffen hat, die ersten Sitze dieser Art waren wohl kaum Möbel des allgemeinen Brauchs, d. h. für jedermann benutzbar. Der erste Stuhl, den der Mensch konstruierte, war vielmehr der für den Gott oder Herrscher bestimmte Thron. Im Walthari-Lied liest man, daß König Etzel sich auf einen mit Wolle und Purpur bedeckten Thron setzte, um ihn herum aber die Hunnen auf hundert Polstern lagen oder hockten.

Die verschiedenen Bedeutungen, die bis heute die Wörter für künstliche Sitze, ja das Wort Sitz selbst, behalten haben, weisen darauf hin, daß es eine Auszeichnung war, auf einem künstlichen Sitz Platz nehmen zu dürfen. Das Wort Stuhl, mittelhochdeutsch *stuol* (englisch *stool*) hat in den germanischen Sprachen die Bedeutung von Herrensitz. Bis heute ist Stuhl ein Synonym für Thron, den Sitz der Herrscher und Würdenträger. Man spricht vom päpstlichen Stuhl, vom Richterstuhl usw. Ebenso ist es in romanischen Sprachen z. B. im Französischen: *chaise* ist aus *chaire,* dem lateinischen *cathedra* entstanden und wird in Verbindung mit geistlicher oder geistiger Macht gebraucht: *la chaire de saint Pierre, la chaire de Philosophie, éloquence de chaire* usw. Ebenso verhält es sich mit dem Wort *siège* (germanisch *sëz*), aus dem lateinischen *sedere = s'assoir: siège d'un empire, siège épiscopal, siège d'un tribunal, d'une administration* etc. – im Deutschen: Bischofssitz, Sitz eines Herrschers. Im Lateinischen bedeutet *sedes* nicht nur Stuhl, Bank, Thron, sondern auch Rang und Würde; Virgilius z. B. sagt: ›*non si priores Maeonius tenet sedes Homerus*.‹

Ägypten

In der ägyptischen Kunst wurden nur Herrscher, die höchsten Beamten und Personen der Aristokratie sitzend – auf den Reliefs auf zierlichen Hockern oder Faltstühlen aus Holz mit Löwenfüßen – dargestellt, Untergebene niemals. So kauert auch der berühmte ›Schreiber‹ (um 2500 v. Chr. im Musée du Louvre, Paris) mit untergeschlagenen Beinen auf dem Boden. Der Weise Amenhotp, der mit der Aufstellung eines Sitzbildes im Tempel von Karnak geehrt wurde, ist ebenfalls kauernd dargestellt (Sitzstatue um 1400, Museum Kairo). Auch in den Negerkulturen bleiben Hocker und Lehnstühle den Häuptlingen und Personen hohen gesellschaftlichen Rangs vorbehalten. Im Mittelalter wurden im allgemeinen nur Christus, Maria, Heilige, Propheten und Herr-

1 Abrollung eines Rollsiegels mit Trinkszenen. Aus dem Königsfriedhof in Ur. Um 2650 v. Chr. London, British Museum

Mittelalter

scher auf wohlgestalteten Stühlen sitzend, ›thronend‹ dargestellt. Durch den Stuhl, den Stuhltyp, nicht nur durch seine mehr oder minder kostbare Gestaltung, wurde die Würde dessen, der ihn benutzen durfte, betont. Es durfte also nicht jede Stuhlform von jedem benutzt werden. So war das Faldistorium, der Faltstuhl, ursprünglich Sitz hoher römischer Würdenträger und wurde dann in der mittelalterlichen Kirche ein liturgischer Sitz für den Bischof. Für die Äbtissin Gertrud II. der Salzburger Benediktiner-Abtei Nonnberg mußte der Erzbischof das Recht auf den noch erhaltenen Faltstuhl erst in Rom erwirken.

Abb. 55

Höfisches Zeremoniell

Welche große Rolle Stühle im höfischen Zeremoniell unter Ludwig XIV. spielten, erfahren wir aus den Briefen der Madame de Sévigné, den Memoiren von Saint-Simon, dem Tagebuch des Marquis de Dangeau usw. Es wird dort von Eifersüchteleien, Streitigkeiten und Intrigen berichtet, die um das Recht auf einen Fauteuil, einen Stuhl nur mit Rückenlehne, oder einen Hocker, einen hohen oder einen gewöhnlichen niedrigeren, entstanden sind. Die Sitzkissen (*carreaux*) mit Goldborten waren für die Hofdamen, die mit einfacheren Seidenborten für die Kammerzofen bestimmt. In der Hierarchie der Stühle folgten den Klappstühlen (*ployants, pliants*) und Hockern (*tabourets*) die Stühle mit Rückenlehne. An der Spitze standen die Fauteuils. Das einfache Volk saß, wenn überhaupt, auf harten Bänken ohne Rückenlehne und hölzernen Hokkern. Erst im 16. Jahrhundert wurde der Stuhl mehr und mehr zu einem allge-

2 Harfenspieler. Kykladen. Ca. 2500–2000 v. Chr. New York, Metropolitan Museum of Art. Rogers Fund

meinen Gebrauchsgegenstand. Bei offiziellen Veranstaltungen blieb der Stuhl bis ins 18. Jahrhundert ein Statussymbol. Auch bei bürgerlichen Festmahlen blieben die Fauteuils oder überhaupt Stühle, welcher Art immer, dem Hausherren oder den Ehrengästen vorbehalten. Die anderen Teilnehmer am Mahle saßen auf Hockern, einfachen Stühlen, ja größtenteils auf Bänken. Im mittelmeerantiken Theater waren die untersten Plätze mit besonderer Sorgfalt ausgestattet, wie z. B. im Dionysos-Theater unter der Akropolis von Athen, das vor 327 v. Chr. gebaut wurde, und für die obrigkeitlichen Personen wie Priester usw. bestimmt. Ähnliche Unterschiede sind bis in die neueste Zeit bei der Bestuhlung der Theater gemacht worden. Aus der Rolle, die der Stuhl alle Zeiten hindurch als Symbol der gesellschaftlichen Würde seines Besitzers oder Benutzers gespielt hat, ergab sich auch – wenn auch nicht nur daraus – die große Sorgfalt, die man auf seine Konstruktion und oft auch Dekoration verwendet hat.

Mesopotamien

Abb. 1

Welcher Stuhltyp der älteste ist, der Hocker, der Brett-, der Sprossen-, der Faltstuhl oder der Kastensitz, läßt sich kaum feststellen. Darstellungen von Stühlen finden wir auf mesopotamischen Reliefs und Rollsiegeln aus dem dritten Jahrtausend und auf dem etwa gleichzeitigen, mit Mosaik verzierten Holzkasten aus dem Königsfriedhof von Ur. Die auf diesem und auf einem Rollsiegel mit einer Trinkszene (um 2650 v. Chr. im Britischen Museum, London) dargestellten Stühle sind Sprossen-, vielleicht sogar Zargenstühle von offen-

3 Faltstuhl. Ägypten. Mittleres Reich. Holz mit Lederbespannung. New York, Metropolitan Museum of Art. Rogers Fund

sichtlich technisch-konstruktiv hoher Vollendung, die auf eine lange Erfahrung im Stuhlbau schließen läßt. Andere Darstellungen geben keine sicheren Hinweise auf den Typ und die Konstruktion. Bei den ebenfalls aus der ersten Hälfte des dritten Jahrtausends stammenden ägyptischen Stuhldarstellungen, z. B. auf der Grabtafel des Upennofret (Berkely, Kalifornien) und auf den Holzfüllungen von Scheintüren aus dem Grab des Hesirê in Sakkâra (Museum, Kairo), handelt es sich um gleichartige Konstruktionen wie bei den erhaltenen Hockern mit Löwenfüßen aus der Amarnazeit (Mitte des zweiten Jahrtausends v. Chr.). Auch der Sitz der Chephren-Statue (um 2650 v. Chr.) ist ein in Stein nachgebildeter Holzstuhl mit Rückenlehne und Löwenfüßen. Nicht anders sind die einem kubischen Block mit knapper Andeutung der Holzleisten vereinfachten Stühle der Sitzbilder des Anchapar (Museum, Leiden) und einer Prinzessin (Museum, Turin) zu verstehen. Daraus, daß man sich in den meisten Fällen bei Sitzbildern aus Stein mit ungegliederten Kuben begnügt hat, ist gewiß nicht zu schließen, daß dergleichen Steinsitze gebräuchlich gewesen wären.

Ägypten

Abb. 3, 4, 5

Die Wohn- und Sitzsitten der in die römischen Provinzen eingedrungenen und in ihnen lebenden Barbaren haben sich unter dem Einfluß der römischen Zivilisation schnell gewandelt. Die Barbaren lernten Stühle konstruieren. Auf frühmittelalterlichen Miniaturen sind sie in zahlreichen Varianten dargestellt. Die schreibenden Evangelisten sitzen oft auf profilierten kubischen Blöcken, bei denen es sich möglicherweise um Steinsitze handelt, dargestellt sind aber wohl auch hölzerne Sitztruhen. Auf byzantinischen und frühmittelalterlichen westlichen Miniaturen derselben Zeit finden sich Darstellungen verschiedener Stuhltypen, die ebenso wie die kleinen Schreibtischchen mit gedrechselten Beinen auf den Evangelistendarstellungen auf entwickelte handwerkliche Fähigkeiten schließen lassen. Die Werkzeuge, die diese voraussetzen, waren schon seit langem im Gebrauch. Sägen gab es bereits in der Bronzezeit, die

Römische Provinzen

Byzanz und Frühmittelalter

Werkzeuge

4 Thron. Ägypten. Neues Reich. Holz. Paris, Louvre

5 Thron. Ägypten. Holz. London, British Museum

Rahmen- oder Spannsäge wurde aber vielleicht erst von den Römern erfunden. Eine Sägemühle ist aus dem Beginn des 14. Jahrhunderts bekannt. Den Hobel kannte man schon im antiken Ägypten, Griechenland und Rom. Seinen Gebrauch hat der Benediktinermönch Theophilus Ende des 11. Jahrhunderts in seiner ›*Schedula diversarum artium*‹ beschrieben. Man hat aber auch Hölzer mit Beil und Axt so fein bearbeitet, daß sie wie gehobelt erscheinen. Die antiken Stühle des Mittelmeerraumes bezeugen, daß die Drechslerarbeit uralt ist. Welche große Rolle sie im frühen Mittelalter gespielt hat, geht aus dem berühmten Klosterplan von Sankt Gallen aus dem 9. Jahrhundert hervor, in den bereits eine Drechslerwerkstatt eingezeichnet ist.

Frühes Mittelalter

Zahlreiche frühmittelalterliche Darstellungen zeigen Christus, Maria, Evangelisten, Heilige, Herrscher usw. auf Hockern und Stühlen mit Rückenlehnen, die ähnlich konstruiert sind wie die späteren Zargenstühle mit versteifenden Stegen. Daneben finden wir Sprossen- und Faltstühle. In einem Evangeliar aus dem 11. Jahrhundert (Österreichische Nationalbibliothek, Wien) ist auch ein vielleicht aus Weiden geflochtener Korbstuhl wiedergegeben, dessen hohe den Körper umschließende Rückenlehne sich in leichter Kurvung in Seitenwangen fortsetzt. In einem anderen, ebenfalls aus dem 11. Jahrhundert stammenden

6 Grabmal der Hegeso. Attisch. 410/400 v. Chr. Athen, National-Museum

Evangeliar der Österreichischen Staatsbibliothek ist der Evangelist Johannes auf einem Korbstuhl von gleichartiger Form mit in Schichten wechselnden dekorativen Flechtmustern sitzend dargestellt. Es ist derselbe Stuhltyp, der sehr viel realistischer auf einem römischen Grabrelief der Kaiserzeit (aus Remagen, im Provinzialmuseum Trier) und in einem Grabe bei Köln in Stein nachgebildet ist. Das Tympanon (Mitte 12. Jh.) der Prioratskirche von La Charité-sur-Loire zeigt einen Stuhl mit gedrechselten Pfosten, dessen Seitenwangen aus einem kunstvollen Korbgeflecht gearbeitet sind. Es gab also auch schon im frühen Mittelalter Konstruktionstypen, die im antiken Hellas und Rom in Ge-

Abb. 29

Abb. 28

Abb. 21

Griechische Antike

7 Armlehnstuhl. Relief aus Chrysapha. Lakonien. 6. Jh. v. Chr. Berlin Ost, Staatliche Museen

brauch waren und es bis heute großenteils geblieben sind. Die griechischen Konstruktionstypen kennen wir von Darstellungen auf Vasenbildern, insbesondere aus dem fünften vorchristlichen Jahrhundert, auf Friesen und Grabreliefs. *Abb. 18* Neben dem klappbaren Hocker, dem Faltstuhl und dem konstruktiv komplizierteren Scherenhocker tritt der Hocker mit geraden schlanken, gedrechselten Beinen am häufigsten auf. Da diese nicht mit Stegen zur Versteifung der Konstruktion verbunden sind, kann es sich nur um sehr solide gebaute Zargenhocker handeln, bei denen die Beine unter dem Sitzbrett durch kantige Bretter, die sogenannten Zargen, verbunden sind. Auf solchen Hockern sitzen die Götter auf dem Ostfries des Schatzhauses der Siphnier in Delphi (vor 525 v. Chr.), wie auch auf dem Parthenonfries der Akropolis in Athen. Dort ist Zeus dadurch ausgezeichnet, daß er auf einem Stuhl mit Rückenlehne sitzt. Auch die Verstorbenen (z. B. die Mnesarete auf dem Grabrelief in der Münchner Glyptothek), denen Weihgaben gebracht werden, sitzen häufig auf solchen Hokkern. Eine Zargenkonstruktion in perspektivischer Darstellung ist auf einem Bergkristall-Skarabäoid (490/480 v. Chr.) der Münchner Sammlung antiker Kleinkunst deutlich zu erkennen.

Dem stark ausgeprägten tektonischen Empfinden der Griechen entsprach der von ihnen bevorzugte Zargenstuhl, den Karl Nothhelfer sehr treffend – im Gegensatz zum Brett- und Sprossenstuhl – ›ein architektonisches Gebilde‹ nennt.

Die griechischen Hockerformen sind bis in die römische Epoche hinein im wesentlichen unverändert im Gebrauch geblieben, ebenso die griechischen Lehnstühle mit ihren stark gekurvten Beinen. Sie scheinen besonders im 5. und 4. Jahrhundert v. Chr. die Stühle der vornehmen Dame der bürgerlichen Aristokratie gewesen zu sein. Ja, vielleicht sind sie überhaupt erst eine Erfindung des späten 6. Jahrhunderts; denn auf den früheren schwarzfigurigen Vasenbildern des 6. Jahrhunderts finden wir sie nicht voll ausgebildet dargestellt. Jedenfalls gehören sie zu den schönsten, grazilsten und elegantesten, aber auch zu den funktionsgerechtesten Stuhlformen, die je geschaffen wurden. Ihre Form entspricht vortrefflich einer entspannten und zugleich vornehm-graziösen Sitzhaltung. Das ausgeschweifte Rückenbrett ist an den die Kurve der Hinterbeine in einem Stück fortsetzenden Leisten knapp unter Schulterhöhe befestigt. Die Sitzflächen, auf den Darstellungen, zumeist mit Kissen oder Decken belegt, waren wahrscheinlich Holzbretter, vielleicht auch aus geflochtenem Material, doch gewiß keine eingearbeiteten Polster. Die Zargenkonstruktion ist auf den bildlichen Darstellungen meist deutlich erkennbar. *Abb. 6*

Armlehnstühle scheinen, soweit es aus bildnerischen Wiedergaben zu schließen ist, den Göttern, Göttinnen und Heroen vorbehalten gewesen zu sein. Im Hause war der Armlehnstuhl, soweit es ihn dort gab, wohl der Sitz des Hausherrn – vielleicht auch der Frau des Hauses? –, sofern dieser sich nicht, wie ja oft auch die Götter, mit einem Hocker begnügte. Stühle waren aber in den Wohnungen wohl selten, beim Mahle lag man auf der Kline. Während die Lehnstühle mit den geschweiften Beinen undekoriert blieben, sind die Armlehnstühle oft ornamentiert und ihre Pfosten als Löwenbeine gebildet, wie auf dem lakonischen Heroenrelief von Chrysapha aus dem 6. Jahrhundert v. Chr. in Berlin, auf dem übrigens die Zargenkonstruktion sehr deutlich zu erkennen ist. Löwen- und Bocksbeine kommen am häufigsten an Hockern und Schemeln vor. Im Gegensatz zu den ägyptischen stehen die Löwenkrallen zumeist nach innen. *Abb. 7* *Abb. 17*

Bäuerliches und spezialisiertes Handwerk

Die schon in frühen Epochen so meisterhaft konstruierten Zargenstühle sind ebenso wie die Sprossen-, Faltstühle usw. gewiß Erzeugnisse eines spezialisierten Handwerks. Dagegen sind die oft nur aus roh bearbeiteten Brettern zusammengesetzten Hocker und Lehnstühle, wie sie auf den von Adrian Brouwer gemalten Wirtshausstuben erscheinen, oft wohl von Unzünftigen schlecht und recht angefertigte Produkte des bäuerlichen Hausfleißes. Dabei handelt es sich um aus Brettern zusammengesetzte Kistensitze, Hocker mit nach außen gestellten unten ausgesägten Stützbrettern, die mit einem Steg zur Aussteifung verbunden sind, und aus Vierkantpfosten und Brettern gezimmerte Lehnstühle. Auch Dreipfostenstühle mit dreieckigem Sitzbrett und einem kleinen Rükkenbrett können Erzeugnisse bäuerlicher Hausarbeit sein, vor allem, wenn die Pfosten und Sprossen nicht gedrechselt sind. Das gleiche gilt für den spätgotischen dreibeinigen Brettstuhl mit Gratleiste und gebogener Rückenlehne. *Abb. 15*

Monoxylone Sitze

Produkte bäuerlicher Hausarbeit für den Eigenbedarf sind gewiß die monoxylonen Sitze, die aus einem Baumstamm mehr oder minder roh mit Säge, Axt und Schnitzmesser herausgearbeiteten Blocksitze mit halbrunder Rückenlehne, wie sie aus der Bretagne, aus Argentinien, Skandinavien und Lettland bekannt sind. Wahrscheinlich waren sie in den Bauernstuben die einzigen nicht fest eingebauten Sitzmöbel. Ja ein so bearbeiteter Holzblock war wohl der einzige für eine privilegierte Person der Familie bestimmte Sitz. Auch monoxylone Sitze gleicher Grundform, aber sorgfältiger gearbeitet und mit Schnitzereien dekoriert, wie sie in Norwegen noch im 18. Jahrhundert hergestellt wurden und im Gebrauch waren, sind vielleicht weniger Produkte zünftiger Werkstätten, die diese Stühle auf Bestellung herstellten und gar auf dem Markt feilboten, als Erzeugnisse bäuerlicher Werkstätten, die wahrscheinlich nicht nur für den eigenen Bedarf arbeiteten.

Abb. 8 *Abb. 9*

Afrikanische Negerkulturen

Monoxylone, aus einem Holzstück oft überaus kunstvoll geschnitzte Sitze, sind auch die von Häuptlingen vor allem bei Kulthandlungen und Beratungen benutzten Hocker afrikanischer Stämme. Bei ihnen wird die dicke runde oder rechteckig konkave Sitzplatte häufig von menschlichen Figuren, Götter- und Ahnenbildern, wie von Atlanten getragen. Diese Hocker sind plastisch-skulpturale, nicht konstruktive Gebilde. Das sind sie auch, wenn der Block nur in Fuß, Schaft und Sitzbrett gegliedert ist, obschon offenbar konstruktive Überlegungen der geschnitzten Form zugrunde liegen. Das ist auch bei den Bänkchen in Schemelform der Fall, z. B. bei einer der ostbrasilianischen Aparai-Indianer mit nach außen gestellten Stützen im Münchner Völkerkundemuseum.

Abb. 13 *Abb. 10–12*

8 Baumsessel. Argentinien, Bretagne, Schweden, Lettland

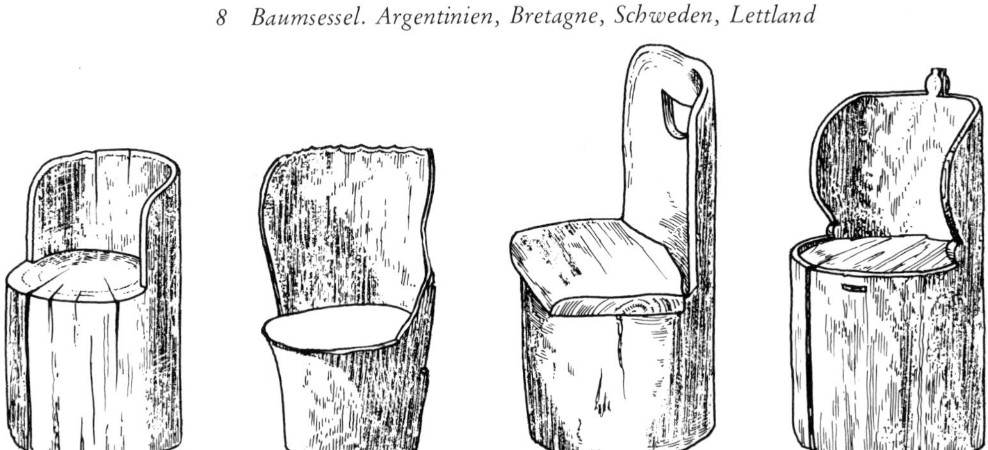

9 »kubbestol« aus Vestfold. 8. Jh. Oslo, Norsk Volkemuseum

10 Häuptlingsstuhl. Tikar/Kamerun. Holz. Aus einem Stück geschnitzt. Spinnen- und Froschornamente.

11 Hocker für Männer. Mwera/Tanzania. Dreibeinig. Aus einem Stück geschnitzt.

12 Männerstuhl. Ngoni/Tanzania. Mit drei Beinen. Aus einem Stück geschnitzt.

13 Häuptlingsstuhl mit weiblicher Trägerfigur. Luba/Zaire. Holz. Aus einem Stück geschnitzt. Alle Abb.: München, Staatliches Museum für Völkerkunde

Kistenhocker – Kastensitze

Zu einem konstruktiven Gebilde wird der Stuhl durch den Gebrauch des Stemmeisens (Stechbeitel) neben Säge und Hobel. Dieses Werkzeug ist zur Herstellung monoxyloner Sitze nicht notwendig, aber unentbehrlich für das Zusammensetzen eines kubischen Gebildes aus Brettern und Leisten, und zwar zu deren fester Verbindung durch Verzinkung und Verzapfung. Auch die primitiven Kistenhocker sind nur so solid zu konstruieren, zu Kuben mit einem Griffloch in der Sitzfläche, wie sie heute noch in Werkstätten (Bildhauerateliers) oder in Kinderzimmern verwendet werden, wo diese Kästen oft dann nicht nur Sitze sind, sondern auch Spielmöbel, Behälter zum Aufbewahren von Spielsachen. Oft sind sie auch Teile von Aufbauschränken oder -regalen. Eigenartige Kistenhocker gibt es auf Sardinien und wohl auch in anderen torfreichen Gegenden: niedere, aus übereinander geschichteten, durch Holznägel zusammengehaltenen (ihre Verzinkung ist ja unmöglich) Torfplatten bestehende kubische Kaminhocker mit Griffloch.

Spielmöbel

Hinsichtlich ihrer Konstruktion sind auch die aus einem Sitzbrett und zwei in dieses eingezapfte Stützbretter zusammengesetzten Hocker oder Schemel *(stabelle, escabeau, escabelle, sgabello)* Kisten- oder Kastenmöbel. Um dem Sitz größere Stabilität zu geben, sind die Stützbretter oft schräg nach außen gestellt und zur Erhöhung der Standfestigkeit häufig unten ausgesägt, so daß der Hokker oder Schemel nicht auf der ganzen Breite der Brettkanten steht. Zur Versteifung des Brettergefüges sind die Stützbretter oft in halber bis dreiviertel Höhe durch Stege verbunden. Auch Diagonalstege kommen vor. Man sieht solche Hocker öfter auf Darstellungen bürgerlicher Interieurs (z. B. auf der Abendmahlsdarstellung eines wohl niederländisch-französischen Meisters um

Hocker

14 Hocker. 15. Jh. Aus dem Abendmahl des Fra Angelico. Florenz, San Marco

15 Sprossenstuhl. Dreibeinig. Mit kleiner, den Rücken unter den Schulterblättern stützender Kopfschwinge. Ausschnitt aus einer Abendmahldarstellung eines niederländisch-französischen (?) Meisters. 1470. Abbéville

Abb. 15 1470 in Abbéville und in derber Ausführung auf Bildern von Adriaen Brouwer und anderen Niederländern der Epoche). In Schlafräumen wurden solche Schemel benutzt, um das hohe Bett zu besteigen. Heute sind sie im bäuerlichen Milieu und in Handwerkerstuben anzutreffen. Für die Verwendung in der Wohnung hat dieser Bretter- oder Kistenhockertyp verschiedene Verfeinerungen und reichere Ausbildungen erfahren.

Sgabello *Abb. 125* Der italienische *Sgabello* des 16. Jahrhunderts ist ein ins Dekorativ-Groteske abgewandelter Abkömmling des aus Brettern zusammengesetzten oft um eine Rücklehne bereicherten Hockers. Sein Sitzbrett ist meist sechseckig, die Stützbretter (Stollenbretter) sind durch Brettstege versteift und großenteils, wie auch die Rückenlehne, überreich ornameniert. Aus konstruktiven Elementen sind Schauflächen geworden, wie ja überhaupt diese Sgabelli mehr dekorative Prunkstücke – entsprechend sind sie in den Räumen aufgestellt – als Gebrauchsmöbel sind.

Chaire

Durch Hochführung des hinteren Bretts des Kastensitzes zu einer hohen Rükkenlehne und von zwei seitlichen Brettern zu Armstützen ist die als vornehmes repräsentatives Sitzmöbel im klerikalen, aber auch im profanen Milieu gebrauchte, in Frankreich und Flandern entstandene gotische *Chaire* entstanden. *Abb. 31–33*
Sie tritt auch als zweisitziger Kastenstuhl auf. Die Abstammung vom Chorgestühl ist evident. Es gibt auch Chaires mit Baldachin. Manchmal ist der Kasten als Truhe verwendbar gemacht.

In Anlehnung an die Chaireform hat um 1900 Frank Lloyd Wright einen Kastenstuhl entworfen, der nicht so sehr ein Repräsentationssitz ist als ein konstruktives und ästhetisches Prinzip repräsentierender Stuhl, eine abstrakte Verkörperung einer Form- und Konstruktionsidee. In dieser Hinsicht besteht eine Verwandtschaft mit einem Stuhl aus Frankreich, der in die Mitte des 16. Jahrhunderts zu datieren ist und, ohne gebrauchsuntüchtig zu sein, doch auch wie eine abstrakte höchst elegante Verkörperung einer Konstruktionsidee anmutet. Dem Wright-Stuhl, einer Rahmenkonstruktion aus Vierkanthölzern, in die für die Rückenlehne, für die Sitzplatte und zur Betonung der Kastenform seitlich Bretter eingespannt sind, ähnlich in der Konstruktion sind auch die von Gerrit Thomas Rietveld (1888–1964) um 1918 geschaffenen Stühle. In ihnen (auch in der Farbgebung bei seinem ›Rot-Blau-Stuhl‹) hat die Ästhetik der holländischen Stijl-Bewegung ihren Ausdruck gefunden.

Abb. 45 *Abb. 44* *Rot-Blau-Stuhl* *Abb. 46, 47*

Ein weniger repräsentatives, doch ein fast ebenso kompaktes Kastenmöbel wie die Chaire ist der Truhensitz (*chayère* oder *cayère*), der von ihr eigentlich nur dadurch unterschieden ist, daß die Rückenlehne nur die Höhe der Armstützen hat. Die Kombination von Sitzmöbel, im besonderen von Sitzbank und Kastenmöbel zur Verwahrung von Gegenständen, kommt im Mittelalter sehr häufig vor.

Truhensitz

In den bäuerlichen, vor die Wand gestellten Truhenbänken hat sie sich bis ins 19. Jahrhundert erhalten. Wie diese Truhenbank ist auch der ein-, zuweilen zweisitzige Truhensitz im späten Mittelalter als frei vor den Kamin gestellter Kastensitz mit vor- und zurückklappbarer Rückenlehne gebaut worden. Die Klapplehne ermöglichte einen Wechsel des Sitzens, ohne das Möbel selbst verrücken zu müssen. Die Darstellung einer Bank mit verstellbarer Rückenlehne auf einem Flügel des Werl-Altars des Meisters von Flémalle (1438) mit der Heiligen Barbara vor dem Kamin (Madrid, Prado) weist darauf hin, daß solche Sitzmöbel damals in den Wohnräumen wohl nicht selten waren. Aus der Renaissance sind neben der häufig vorkommenden Truhenbank, der Cassapanca, auch einsitzige vor die Wand zu stellende Truhensitze bekannt.

Abb. 192 *Abb. 16*

Falt- und Scherenstuhl

Den Falt- oder Klappstuhl mit Fellbespannung gab es schon in prähistorischer *Abb. 3, 17, 18, 19, 61* Zeit. Dann kennen wir ihn aus den alten mesopotamischen Kulturen und in verschiedenen Ausführungen aus dem antiken Ägypten, Griechenland und Rom, aus dem Mittelalter und der Renaissance. Wir finden ihn bei den Negern und bei Goethe, der einen Klappstuhl als Reisestuhl benutzte. Schließlich *Abb. 62–67* spielt er in der gegenwärtigen Stuhlproduktion keine geringe Rolle, wo er in konstruktiver wie funktionaler Hinsicht viele neuartige Gestaltungen gefunden hat.

Zahlreiche Darstellungen auf griechischen Vasenbildern des sechsten, insbesondere des fünften Jahrhunderts zeigen den Faltstuhl in technisch und formal vollendeter Ausbildung. Aus dem ägyptischen Mittleren und Neuen Reich sind einige Exemplare fast unversehrt erhalten. Das Mittelalter hat das Faldistorium der Römer in der formalen Ausbildung fast unverändert über- *Abb. 52–53* nommen. Ein aus der Schatzkammer der Abtei von Saint-Denis stammender Faltstuhl aus vergoldeter Bronze wurde mit Dagobert I., 623–632 König von Austrien und ab 628 König des Frankenreichs, in Verbindung gebracht. Er ist aber wahrscheinlich erst ins 8. Jahrhundert zu datieren. Das kostbare Material weist darauf hin, daß es sich um den Sitz eines hohen Würdenträgers oder um ein liturgisches Möbel handelt. Der Faltstuhl ist also auch im Mittelalter geblieben, was er im antiken Rom war: der Sitz hoher Würdenträger, von Konsuln, Prätoren, Quaestoren und Feldherrn. Auch der schon erwähnte Faltstuhl *Abb. 55, 56* der Äbtissin einer Salzburger Abtei und die anderen erhalten gebliebenen spätmittelalterlichen Faltstühle – der aus dem Kloster Admont in Österreich (13. Jahrhundert), der aus der Stiftskirche von Limburg an der Lahn (um 1400) – waren Sitze klerikaler Würdenträger. Auch Christus thront im Tympanon der Galluspforte des Basler Münsters (Ende 12. Jahrhundert) auf einem Faltstuhl. Ob es einfache Faltstühle für den gemeinen Gebrauch vor dem Beginn einer bürgerlichen Kultur um 1500 gab, ist ungewiß. Die bloße Form hat jedenfalls, eben weil sie herrschaftliche Würde kundtat, ihren funktionalen Sinn überlebt: die gekreuzten Beine des aus dem 14. Jahrhundert stammenden *Abb. 54* schmiedeeisernen Bischofssitzes von Bayeux sind fest vernietet. Jedenfalls hat diese sozusagen entfunktionalisierte Faltstuhlform erst im 16. Jahrhundert, vielleicht weil sie ihr Tabu für den allgemeinen Gebrauch verloren hatte, Eingang in die bürgerlichen Wohnungen gefunden. Der Faltstuhl hat dann eine Rückenlehne erhalten, die der Abt Suger von Saint-Denis übrigens im 13. Jahrhundert schon dem sogenannten Thron des Königs Dagobert hinzugefügt *Abb. 62* hatte. Die Rückenlehnen bestehen meist wie der Sitz aus Stoff, so daß der Stuhl klappbar bleibt. Es werden aber auch feste Rückenbretter oder -polster eingebaut, die den Stuhl stabil machen.

Im allgemeinen sitzt man in der Schere des Faltstuhls. Bei Klappstühlen mit *Abb. 19* Rückenlehne aber liegt häufig die Sitzvorderkante parallel zur Drehachse wie *Abb. 61–64* bei den gewöhnlichen klappbaren Garten- und Schiffsliegestühlen und allen

16 Bank mit verstellbarer Rückenlehne. 15. Jh. Niederlande. Ausschnitt aus dem Flügel des Werl-Altars des Meisters von Flémalle (1438). Madrid, Prado

anderen, bei denen der eine Scherenarm länger ist und die Rückenlehne bildet. Solche Konstruktionen sind offenbar jüngeren Datums. Jedenfalls sind sie aus dem Spätmittelalter und der Renaissance unbekannt, was wohl mit den strengeren Sitzsitten zusammenhängt.

Scherenstuhl Aus den Darstellungen auf griechischen Gefäßen und spätmittelalterlichen Gemälden ist zu schließen, daß der aus schmalen, sich beim Zusammenklappen *Abb. 57* eng zu einer Fläche zusammenschließenden Latten gebaute ›Scherenstuhl‹ ein viel gebrauchter und beliebter Gebrauchsstuhl war. Die antiken Scherenstühle *Abb. 17, 18* sind Hocker ohne Rückenlehne. Bei den mittelalterlichen dagegen sitzt man in der Schere auf einem zwischen die Scherenarme eingeklemmten, ebenfalls klappbaren und aus Leisten zusammengesetzten Brett. Dieser klappbare Stuhl *Abb. 60* wurde auch mit Rückenbrett konstruiert, das beim Zusammenklappen des Stuhls zur Seite geschlagen werden kann. Oft sind aber solche Rückenbretter auch fest montiert. Der Scherenstuhl ist dann wie so mancher Faltstuhl stabil geworden. Seine Form ist ihres funktionalen Sinns entleert. Die Rückenlehne *Abb. 57* kann aber auch, wie bei dem Scherenstuhl aus Tirol, durch Verlängerung eines Scherenarms gebildet werden; die Sitzvorderkante verläuft dann wie bei den klappbaren Liegestühlen parallel zur Drehachse.

17 Scherenstuhl. Ägypten.

18 Scherenstuhl. 4. Jh. v. Chr. Frau mit Sonnenschirm auf einer apulischen Amphora. Neapel, Nationalmuseum

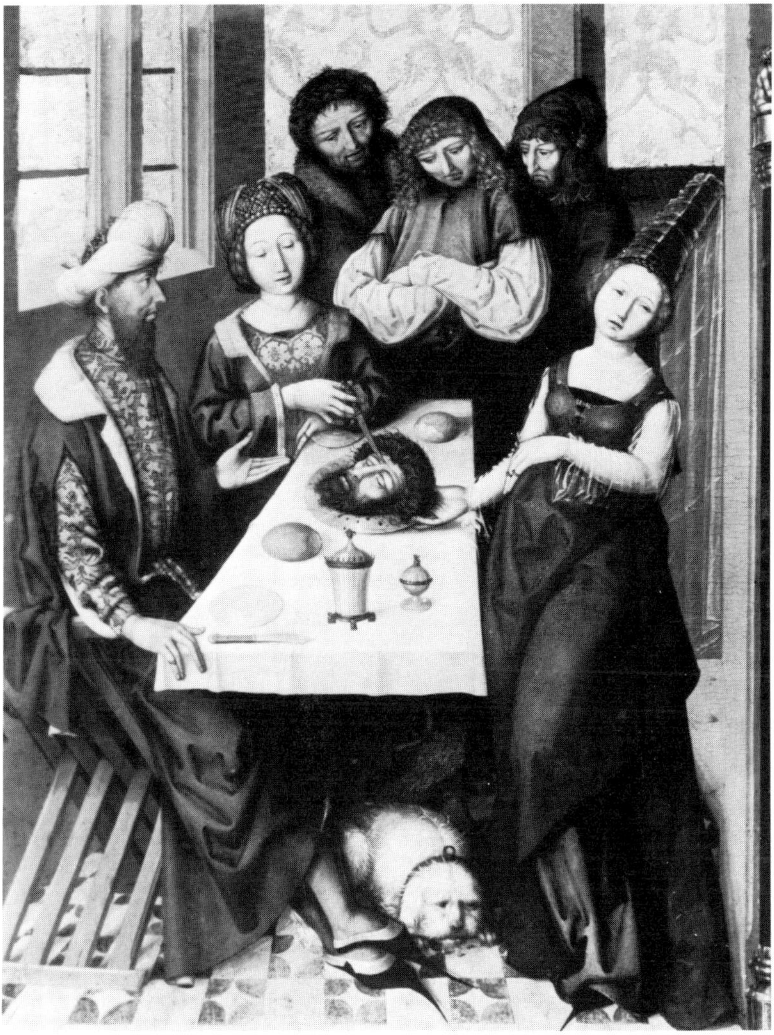

19 Scherenstuhl. Um 1500. Darstellung des Gastmahls des Herodes auf einem oberrheinischen Tafelbild um 1490 (»Züricher Nelkenmeister«). Berlin, ehemals Staatliche Museen

Der moderne Klappstuhlbau hat zumeist die überlieferte Form der klappbaren Liegestühle beibehalten, gelegentlich das Holz durch Stahl- oder Aluminiumrohre ersetzt und für die Bespannung Kunststoffe verwendet. Er hat aber auch in Verbindung mit funktionalen Verbesserungen zahlreiche neue sinnvoll konstruierte und hoch elegante Formen und fauteuilartige Klappstühle geschaffen. So gibt es heute neben klappbaren Liegestühlen eine Reihe sehr schöner bequemer Klappstühle mit stark geneigter Rückenlehne und Armstützen. Führend war hier besonders die skandinavische Möbelindustrie. Es wurden aber auch Klappstühle mit senkrechten, bis zur Rückenlehne hochgeführten

Abb. 62–64

Hinterbeinen, schräg gestellten Vorderbeinen und in den Rahmen der Rückenlehne einklappbarem Sitz konstruiert: zusätzliche, raumsparend abzustellende Eßzimmerstühle und dergleichen. Bei diesen Stühlen ist die Reduktion der *Abb. 65–67* Maße im zusammengeklappten Zustand sehr wichtig. Der sogenannte Plia, den Castelli nach dem Entwurf von Piretti herstellt, dürfte bei knapp 5 cm Dicke des zusammengeklappten Stuhls der raumsparendste sein.

Brettstuhl

Abb. 20 Brettstühle sind eigentlich aus Brettern zusammengefügte Kisten- und Kastensitze. Es werden aber auch jene Stühle so bezeichnet, bei denen die schräg gestellten Beine in das durch Gratleisten verstärkte Sitzbrett eingezapft sind und die Rückenlehne in dieses eingestemmt ist. Eine exakte Klassifizierung und Bezeichnung der Konstruktionstypen ist jedoch fast unmöglich. Denn sobald die entsprechenden konstruktiv-handwerklichen Fähigkeiten genügend ausgebildet sind, treten die verschiedenen Konstruktionsarten nicht nur nebeneinander, sondern auch in verschiedenen Kombinationen auf. So wurde zum Bei- *Kastensitz* spiel schon früh der geschlossene, nur aus Brettern zusammengefügte Kastensitz in ein System von Pfosten und mehr oder weniger breiten in diese eingesetzte Brettstreben aufgelöst. Dabei blieb die klar umgrenzte kubische Form *Abb. 35–37* im wesentlichen erhalten. Der andere Zusammenbau der Elemente ermöglicht aber eine nicht nur im Dekorativen variablere Gestaltung.

Die ›Brettstuhl‹-Konstruktion gibt dazu sehr wenig Gelegenheit. Ihre Formen sind höchst einfach. Die dünnen, meist vierkantig oder polygonal geschnitte- *Abb. 68–72* nen oder auch schlicht runden, nur manchmal zu Ringwülsten zwischen Kehlen gedrechselten Beine sind zur Erhöhung der Standfestigkeit in das Sitzbrett schräg eingesteckt – in der Regel nicht bis zu dessen Oberfläche. Charakteristisch für diesen Stuhltyp sind nämlich die Gratleisten unter dem Sitz – weshalb er auch Gratstuhl genannt wird. Durch sie wird das Bohrloch zum Einzapfen der stets schräg gestellten Beine vertieft, so daß diese gar nicht oder nur ein we-

20 Verkeilung der Rückenlehne bei Brett- (Grat-) stühlen. Konstruktionsschemen aus Karl Nothhelfer, Das Sitzmöbel

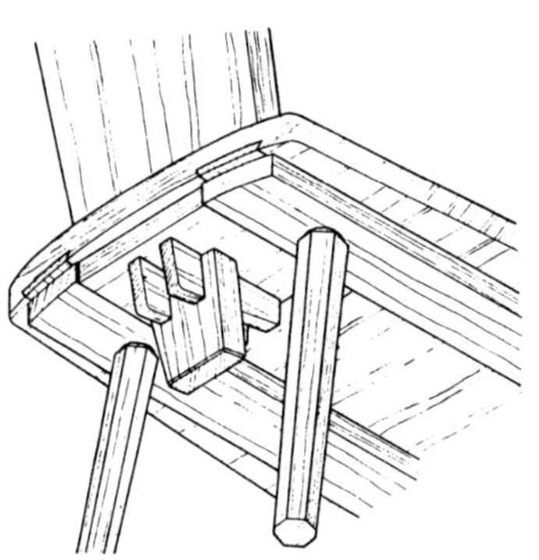

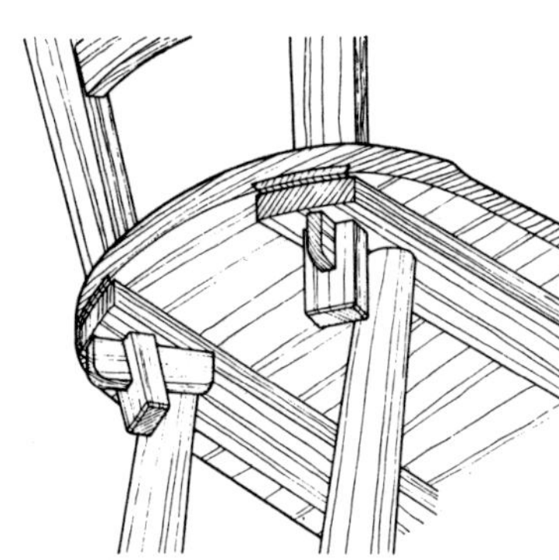

nig in das Sitzbrett selbst gesteckt werden müssen. Die Schrägstellung der Beine hat keine formalen, sondern konstruktive Gründe. Wird der Stuhl belastet, spreizen die Beine auseinander und klemmen sich in ihren Bohrlöchern fest, so daß auch durch den Holzschwund wackelig gewordene Stühle im Gebrauch wieder stabil werden. Diese Eigenschaft trägt neben der übrigen Robustheit gewiß mit dazu bei, daß der gegen derbe Behandlung so unempfindliche Brettstuhl bis heute der verbreitetste Holzstuhltyp in einfachen Wirtsstuben etc. geblieben ist.

Im Unterschied zu allen anderen Stuhltypen ist beim Brettstuhl die Rückenlehne ein von den Hinterbeinen unabhängiges Element. Denn die Rückenlehne, ob als Brett oder aus Leisten gebildet, ist in das Sitzbrett mit einem Zapfen, meist mit zweien, schräg durchgesteckt und unterseits verkeilt. Ist die Rückenlehne eine Rahmenkonstruktion, bestehend aus zwei dem Sitzbrett eingezapften Stützen, einem Kopfstück und einem oder mehreren, häufig konkaven Querstegen, so trägt das wesentlich zu einem bequemen Sitzen bei. Größerer Wert wurde aber oft auf eine reiche ornamentale Gestaltung des Rückenbretts gelegt, das ja beim Brettstuhl das einzige flächige Element ist, das durch Aussägen und Schnitzen, bei den Bauernstühlen auch durch Malerei eine dekorative Gestaltung zuläßt. Anlaß dazu gab schon das selten fehlende und zur leichten Beweglichkeit des Stuhls unentbehrliche Griffloch.

Dekorative Gestaltung des Rückenbretts

Sprossenstuhl

Der Typ des Sprossenstuhls ist eine auf den ersten Blick überschaubare Rahmenkonstruktion aus runden Stäben, den ›Sprossen‹, die mittels Rundzapfen in die geraden, stets senkrecht stehenden Stuhlbeine gesteckt sind. Wie bei fast allen anderen Stuhltypen gehen die Hinterbeine in einem Stück über die Sitzfläche durch und bilden die Stützen der stets geraden Rückenlehne. Die Vorderbeine ragen über die Sitzfläche ein klein wenig hinaus. In die Beine sind die Sprossen rechtwinklig so eingesteckt, daß zur Sicherung der Stabilität ihre Zapfen nicht in gleicher Höhe aufeinanderstoßen. Der dadurch bei der Sitzfläche entstehende geringe Höhenunterschied wird durch das Geflecht, meist ein Binsengeflecht, oder eine Gurt- oder Lederbespannung ausgeglichen. Außerdem entsteht, da die seitlichen Sprossen etwas höher liegen, eine einem bequemen Sitzen zugute kommende sanfte Mulde.

Abb. 22
Abb. 73–75, 79

Wie beim sogenannten Brett- oder Gratstuhl wird auch beim Sprossenstuhl die Festigkeit des Stuhls durch Belastung erhöht, weil dadurch die Zapfen der Sprossen fester in die Beine gedrückt werden. Die Verbindung der Beine durch Sprossen ist für die Festigkeit unerläßlich. Sie ist also nicht des dekorativen Effekts wegen erfunden. Gleichwohl beruht auf ihr allein die Schönheit des Sprossenstuhls, der für eine Schmückung über eine balusterartige Drechselung der Beine und Sprossen hinaus keine Möglichkeiten bietet. So beruht seine Schönheit einzig auf der sinnvollen Konstruktion und der Akkuratesse ihrer

21 Tympanon. Mitte 12. Jh. Prioratskirche von La Charité-sur-Loire. Gedrechselte Pfosten. Seitenwangen aus kunstvollem Korbgeflecht

Abb. 73, 74

handwerklichen Ausführung. Diese wurde freilich erst erreicht, nachdem der Sprossenstuhl in fürstlichen und bürgerlichen Salons – in Zusammenhang mit dem aufkommenden Klassizismus – um 1800 Eingang gefunden hat. Ur-

22 Sprossenstuhl. 15. Jh. Deutschland. Arbeitsstuhl mit niederem Sitz mit Karo-Bastgeflecht. Ausschnitt aus Hans Holbein d. Ä. Tafelbild »Geburt der Maria« von 1493 im Augsburger Dom

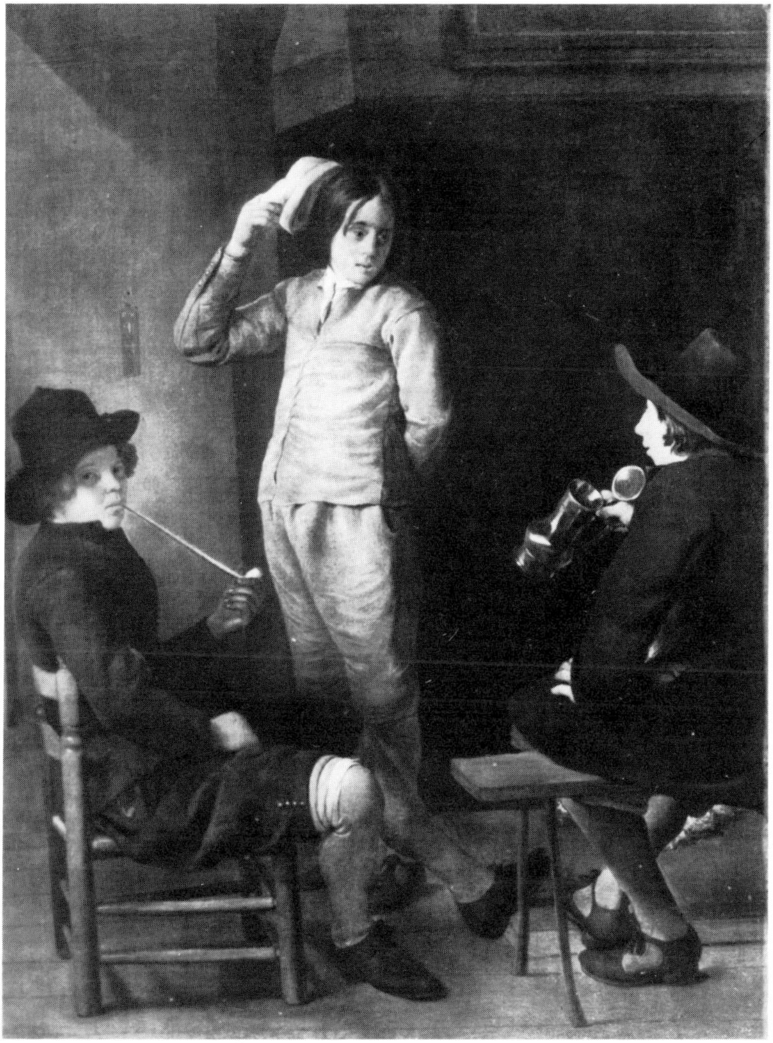

23 Sprossenstuhl. 17. Jh. Holland. Ausschnitt aus dem Gemälde »In der Wirtsstube« von Michael Sweerts (1624–1664). München, Alte Pinakothek

sprünglich ist der Sprossenstuhl, wenigstens in den europäischen Ländern, ein ebenso gemeiner Bauernstuhl wie der Brettstuhl – und dann auch zu dem bis heute in Frankreich allgemein verbreiteten Kirchenstuhl aus Pappelholz mit Binsengeflechtsitz, der *chaise à la capucine,* geworden. Bei diesen vulgären Gebrauchsstühlen haben die Rückenlehnen fast ausnahmslos schmale, oft wellig gesägte Brettchen als Sprossen. Auf dem ebenso gestalteten Kopfbrett ist gelegentlich das einzige bescheidene Ornament oder eine Inschrift eingeritzt.

Abb.79

Industrielle Herstellung

Zu einem der auch heute verbreitetsten Sitzmöbel ist der Sprossenstuhl vor allem durch die Stuhlindustrie geworden, die sich im 19. Jahrhundert in dem li-

Abb. 75 gurischen Städtchen Chiavari entwickelt hat. Für eine industrielle Massenproduktion eignet sich der Sprossenstuhl sehr, da seine Elemente auf Vorrat an der maschinellen Drehbank montagefertig zugerichtet werden können. Die seit Michael Thonets Erfindung bekannte Technik, massive Holzstäbe zu biegen, hat auch bei dem Sprossenstuhl die Rückenlehne leicht nach hinten abzubiegen ermöglicht. Das hat ihn auch zu einem der bequemsten aller einfachen und billigen Stühle gemacht. Außerdem ist er neben dem Bugholzstuhl das leichteste Holzsitzmöbel. Sein Konstruktionsprinzip läßt allerdings nicht viele formale Variationen zu. Doch kennen wir aus dem antiken Ägypten prachtvoll durchgebildete Hocker, auch Stühle mit und ohne Armlehnen mit schräg gestellten
Abb. 119 Sprossen, und aus China höchst grazile, im Aufbau dem Sprossenstuhl nächst verwandte Armlehnstühle.

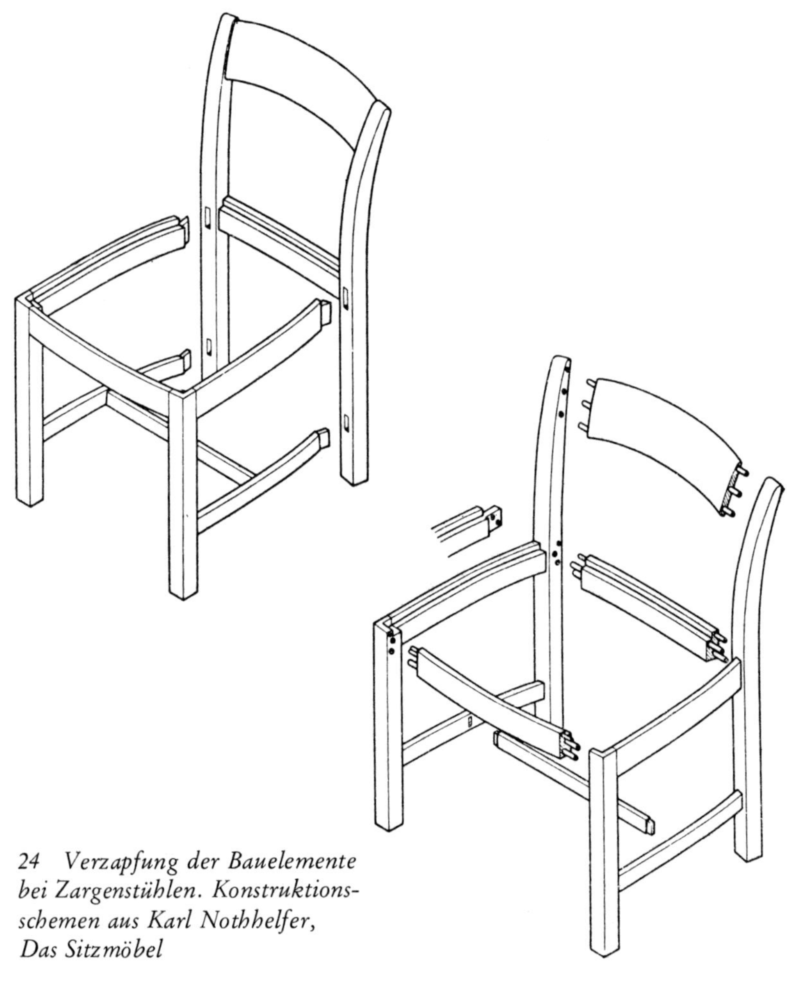

24 Verzapfung der Bauelemente bei Zargenstühlen. Konstruktionsschemen aus Karl Nothhelfer, Das Sitzmöbel

Zargenstuhl

Man kann diesen Stuhltyp mit allen seinen Variationen mit gutem Grund nach dem Element nennen, das für seinen Aufbau die entscheidende Rolle spielt, nach der Zarge, die in der festen Verbindung mit den Stuhlbeinen das Skelett bildet, das den tektonisch strengen Aufbau dieses Stuhltypus bestimmt. Die Zargen sind unter dem Sitz den vierkantigen Pfosten (Stollen) so eingeschlitzt oder eingedübelt, daß die Stuhlbeine einem Rahmen fest eingebunden sind und dadurch ein absolut starres Tragwerk entsteht, das die Stabilität des Stuhls sichert. Hier spielt das beim Brett- und Sprossenstuhl wichtige Moment der Spannung keine Rolle mehr. Der mit den Beinen verbundene Zargenrahmen ist ein die Festigkeit genügend sicherndes Tragwerk. Zur weiteren Aussteifung werden aber nicht selten noch die Beine verbindende runde, kantige, gedrechselte oder brettartige Stege eingesetzt. *Abb. 24*

Die Zargenkonstruktion setzt der Gestaltung der Stuhlformen kaum Grenzen. Dreibeinige Stühle oder kastenartige Sitze lassen sich ebenso mit Zargen bauen wie Fauteuils welcher Form auch immer. Da die Stabilität des Zargenstuhls nicht unbedingt von einer zusätzlichen Versteifung durch Stege abhängt, entscheiden über ihre Anbringung und im besonderen über die Art ihrer Anordnung oft mehr dekorative als konstruktive Überlegungen. Der Gestaltung der Beine, Stege, Rücken- und Seitenlehnen sind ebensowenig Grenzen gesetzt. Jedenfalls hat erst die Zargenkonstruktion den Formenreichtum möglich gemacht, der den Stuhlbau im westlichen Abendland auszeichnet, nachdem sich vom Zimmermannsgewerbe ein auf die Produktion von Möbeln für die gesteigerten Wohnansprüche eines wohlhabend gewordenen Bürgertums, im besonderen eines reichen Kaufmannsstandes, spezialisierendes Schreinerhandwerk losgelöst hat. Ohne die Zargenkonstruktion hätten auch im antiken Ägypten und Griechenland so grazile Hocker und Rückenlehnstühle, insbesondere solche mit ausgeschweiften Beinen ohne weitere Versteifung durch Stege nicht entstehen können. Weder der Brett-, noch der Sprossenstuhl vermögen der weitgehenden Differenzierung der funktionalen Ansprüche so vollkommen gerecht zu werden wie der Zargenstuhl. *Abb. 4, 5, 6*

Der Bugholzstuhl

Eine um 1830 gemachte Erfindung hat einen neuen Stuhltyp entstehen lassen: den Bugholzstuhl. Diese Erfindung machte der Schreiner Michael Thonet in dem rheinischen Städtchen Boppard. Vier Jahrzente später – er starb 1871 – war er der größte Stuhlfabrikant und exportierte seine ›Sessel‹ (in Österreich allgemein gebräuchlicher Ausdruck für Stuhl) weltweit. Der neue Stuhltyp, der Bugholzstuhl, wurde allgemein nach seinem Erfinder auch Thonet-Stuhl genannt. *Michael Thonet*

Bugholzstuhl

Alle gebogenen Stuhlteile, die geschweiften Kopfschwingen, die gekurvten Beine und Armstützen mußten vor Thonets Erfindung aus dem vollen Holz herausgeschnitten werden. Dabei wurde oft die natürliche Faser des Holzes durchschnitten. Es wird viel Holz verbraucht. Michael Thonet entwickelte um 1830 ein neues Verfahren. Er leimte dicke Furniere in Holzformen zusammen und preßte sie im Leimbad in die gewünschte Form, so daß die Holzfasern mit der Schweifung parallel laufen. Das Verfahren führte im übrigen zu einer erheblichen Gewichtsverminderung, aber auch zu einer wesentlichen Verbilligung, weil der Holzaufwand, vor allem der Aufwand an kostbaren Furnieren – denn zu den inneren Furnieren konnten geringere Qualitäten verwendet werden – kleiner war als bei der Ausarbeitung gebogener Teile aus massivem Holz. Das in Boppard gefundene Verfahren hat Thonet in Wien, wohin er 1842 auf Veranlassung von Fürst Metternich übergesiedelt war, vervollkommnet. Die Grundlage zur ersten industriellen Massenproduktion von Stühlen war geschaffen, und diese begann um 1851 mit der Gründung der ersten Bugholzmöbel-Fabrik im mährischen Koritschan und der Verwendung von Spezialmaschinen zur Biegung von Massivhölzern.

Biegen von Massivholz

Wenn Buchenholz der Einwirkung von überhitztem Wasserdampf ausgesetzt wird, verliert es seine ursprüngliche Festigkeit und kann gebogen werden. Beim Erkalten behalten die Hölzer die ihnen im Wasserdampf gegebene Form, ohne ihre ursprüngliche Zähigkeit und Elastizität zu verlieren. So konnten genormte Bauelemente auf Vorrat fabriziert werden, die nicht mehr in der früheren Art durch Zapfen, Dübel und Leimfugen miteinander verbunden wurden, sondern durch Schrauben. Für den Export der Stühle war das von großem Vorteil. Der Stuhl konnte in seine Teile zerlegt transportiert und vom Verkäufer ohne besondere Fachkenntnisse montiert werden. Es entstanden die ersten ›Paketmöbel‹.

Paketmöbel

25 Verschraubungen bei Bugholzstühlen. Konstruktionsschemen aus Karl Nothhelfer, Das Sitzmöbel

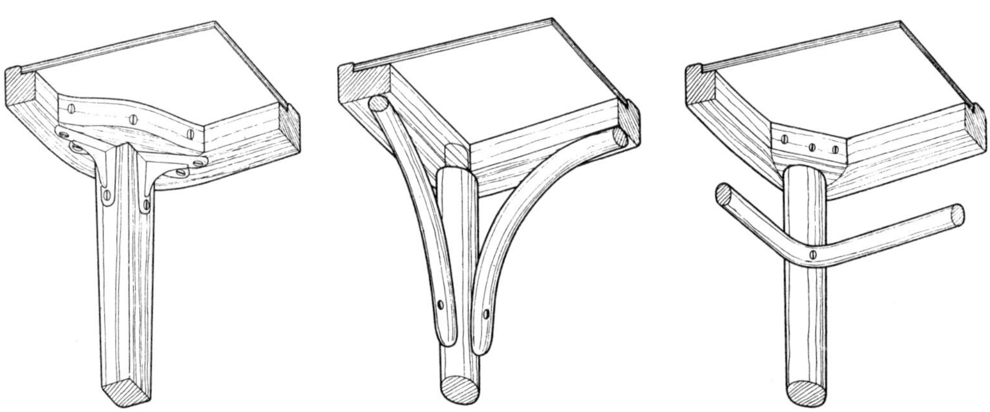

26 Burgholzstühle. Aus einem Katalog der 70er Jahre der Gebrüder Thonet, Wien.

Industrielle Serienproduktion

Abb. 26, 133–137, 140

Die Bugholzstuhl-Fabrikation führt zwangsläufig von der traditionellen Technik des Schreinerhandwerks weg und zur industriellen Serienproduktion präzis durchgearbeiteter Standardmodelle hin, damit aber auch zu einem neuen ›Stil‹. Die modische Formgebung und dekorative Ausgestaltung wurde von einem großindustriellen Zweckdenken zurückgedrängt. Die Konstruktionsart und das Herstellungsverfahren ließen zwar eine variable, auch modische Formvariation zu (siehe die Thonetschen Schaukelstühle), aber kaum eine weitere dekorative Ausgestaltung, es sei denn durch Aufpressung von Mustern auf die Holzplatte des Sitzes. Dafür bietet sie einer formalen Klarheit alle Chancen. Darin ist der Bugholzstuhl dem Sprossenstuhl verwandt.

Abb. 137

Das Modell No. 14

In der Thonet-Fabrik in Koritschan ist 1859 das Stuhlmodell No. 14 als ›billige Consumsorte‹ entstanden. Sie hat sich dann auch schnell den Markt erobert. Der Stuhl kostete 3 Gulden (1930: 8,50 Mark), ist bis 1930 in unveränderter Form hergestellt worden und hatte 1910 eine Auflage von fünfzig Millionen erreicht. Inzwischen ist das alte Modell von Sammlern sehr begehrt. Es wird jetzt noch in etwas veränderter Form des Sitzes hergestellt. Dieser über hundert Jahre alte Thonetstuhl No. 14 ist in der Tat einer der schönsten, leichtesten, stabilsten Stühle, die je für den Massenbedarf geschaffen wurden. Er bewährt sich bis heute in unseren Wohnungen, im besonderen als Eßzimmerstuhl. Es entstand neben dem Stuhl No. 14 auch ein gleichartig konstruierter Armlehnsessel, der später ebenso zu einer ›billigen Consumsorte‹ geworden ist. Er hat eine niedere Rückenlehne, die sich in die gleich hohen Armlehnen fortsetzt. (Auch dieser Stuhl wird heute wieder hergestellt). Ein Jahr später, 1860, kam der erste Bugholzschaukelstuhl mit den die Konstruktion versteifenden charakteristischen Spiralen auf den Markt.

Schaukelstühle

Stahlrohrstuhl

Stühle aus Metall gab es schon in Etrurien und im antiken Rom. Es waren in Bronze nachgebildete Holzkonstruktionen. Seit der zweiten Hälfte des 19. Jahrhunderts gibt es dem Material gemäß gestaltete Eisenstühle: Gartenstühle aus Rundeisenstäben mit federnden Eisenbändern oder perforiertem Eisenblech für Sitz und Rückenlehne. Häufiger ist die Rückenlehne aus spiralig gebogenen Eisenstäben gebildet. Solche Stühle erscheinen auf Manets Bild ›Le Jardin des Tuileries‹ von 1862 und sind noch heute im Tuileriengarten sowie in ungezählten Gärten und Parkanlagen allerorts anzutreffen. Sie werden auch jetzt noch hergestellt, meist Boulevardmöbel genannt, dienen aber oft nur dekorativen Zwecken.

Stühle aus Eisenstäben

Abb. 142

Nach Konstruktion und Form sind sie in Eisen übertragene Thonetsche Bugholzstühle. Sie haben von diesen nicht nur die dekorativen Spiralformen für Rücken- und Seitenlehnen übernommen. Sie sind auch ähnlich wie die frühen Thonetstühle konstruiert. Wie bei diesen die Vorderbeine aus zwei verleimten Holzstäben gebildet sind, bestehen auch die Beine dieser Gartenstühle aus zwei Rundeisenstäben, so daß hier wie dort unter der Sitzflächenkante kleine Dreiecke auftreten.

Abb. 132, 142

Stapelstühle

Da bei Gartenstühlen, im besonderen bei deren Verwendung in großen Gaststätten und Cafés, die Stapelbarkeit erwünscht ist, dazu sich der beschriebene Typ aber nicht genügend eignet, kam in Frankreich bald ein neuer Café- und Bistrostuhl aus Blech auf, der sich in großen Mengen leicht stapeln läßt und entsprechend lackiert auch sehr wetterfest ist. Von den zwanziger bis in die fünfziger Jahre war er in Frankreich allenthalben anzutreffen. 1955 wurde seine Form nochmals etwas abgeändert. Inzwischen ist er zu einer Rarität geworden. Ein in der Form ähnlicher Kunststoff-Stapelstuhl für Innenräume nach Entwurf von Helmut Bätzner kam 1966 in Deutschland auf den Markt. Ein neuer Typ aus einer wetterharten Aluminiumlegierung wurde 1938 für die Schweizerische Landesausstellung geschaffen und daher auch ›Landistuhl‹ genannt. Er übertrifft seine Vorgänger durch ein geringes Gewicht, also leichte Beweglichkeit, Bequemlichkeit und gute Form.

Abb. 144

Abb. 159

Abb. 143

Stahlrohrstuhl

Neben Vollstab- und Profilstabeisen hat man um 1890 auch Stahlrohre zum Stuhlbau verwendet – zunächst nicht für den Gebrauch in der Wohnung, sondern aus hygienischen Gründen fast ausschließlich in Spitälern, wo damals ja auch die besser zu reinigenden und zu desinfizierenden Krankenbetten aus Stahl die Holzbetten mehr und mehr ersetzten. Eiserne Bettstellen mit meist spiralig gewundenen Rundstäben hatten schon Jahrzehnte früher in den Wohnungen zumeist als Kinderbetten und in zusätzlichen Schlafräumen und Dienstbotenzimmern Eingang gefunden. Auf der Londoner Weltausstellung von 1851 war ein zierliches, nur wenig verziertes Eisenbett noch eine Sensation. Kastenmöbel aus Stahlblech, auch mit aufgemalten Holzmaserungsimitationen, waren in den letzten Jahrzehnten in Büroräumen keine Seltenheit mehr. Sitzmöbel aus Metall hatten aber erst nach dem ersten Weltkrieg den Weg vom Garten und der Terrasse in die Wohnräume gefunden. Diese Stühle

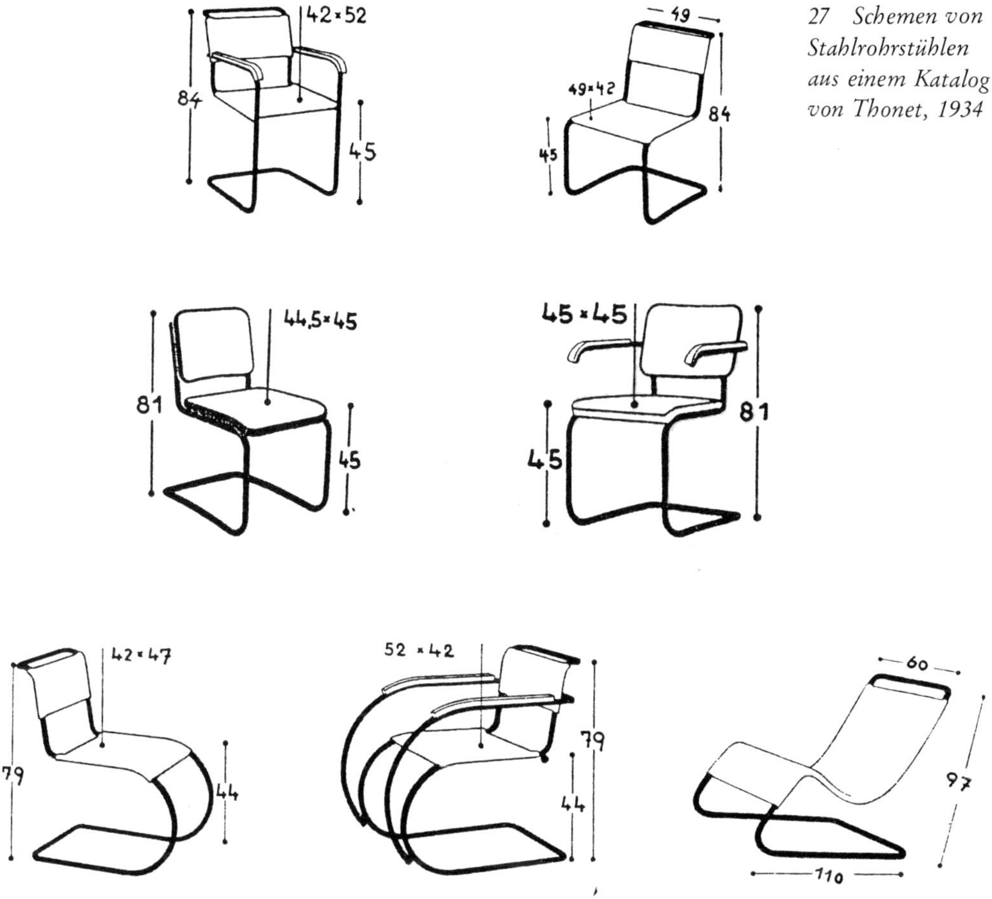

27 Schemen von Stahlrohrstühlen aus einem Katalog von Thonet, 1934

sind weder in der Konstruktion noch von der Form her den eisernen Gartenmöbeln ähnlich.

Die ersten Versuche, aus vernickelten Stahlrohren Sessel mit Sitz, Rücken- und Armlehnen aus Stoff zu konstruieren, hat Marcel Breuer, damals Leiter der Tischlerei am Bauhaus, 1925/26 gemacht. Er hat in ihnen Rietveldsche und eigene in Holz ausgeführte Formideen aufgegriffen und in anderen Materialien weiterentwickelt. Der zweite Stuhl von 1926 hat Kufen, die dann zu einer sehr häufi- *Abb. 149*
gen Fußbildung bei den Stahlsitzmöbeln wurden. Eine damals ebenso sensationell neue Form wie die Breuerschen Sessel hat der Stuhl, den der niederländische Architekt Mart Stam zum erstenmal 1927 in dem Dreifamilienhaus zeig- *Abb. 145*
te, das er für die Stuttgarter Werkbund-Siedlung Weißenhof gebaut hat: ein Stuhl aus Stahlrohren mit freischwebend über den Kufenfüßen auskragendem Sitz. Dieser hinterbeinlose Stuhl war mit dickwandigen, im Schmiedefeuer gebogenen und in den Krümmungen mit Rundstahleinlagen verstärkten Stahl-

(Gas-)rohren konstruiert. An den Kufenfüßen hatte er Gummiringe. Sitz und Rückenlehne waren aus Gurtgeflecht. Eine Zeitlang, bis Anfang der dreißiger Jahre, wurde der Stuhl in dieser Konstruktion und Form auch industriell hergestellt.

Ein wesentlicher, nicht nur technischer Fortschritt wurde erzielt, indem für den Mart Stam-Stuhl nicht mehr dickwandige Stahlrohre verwendet wurden, sondern die von Breuer schon für seine ersten Versuche 1925/26 verwendeten nahtlosen, dünnwandigen Präzisionsrohre, die kalt gebogen werden können und an den Krümmungen auch keiner Verstärkungen durch Einlagen bedürfen. Als Thonet die Produktion des Stamschen Modells Anfang der dreißiger Jahre übernahm und weitere Varianten des hinterbeinlosen Stuhls in großen Serien produzierte, wurden nur noch diese kalt zu biegenden Präzisionsstahlrohre verwendet. Dadurch verlor der Stuhl seine Starrheit; der freischwebende Sitz federte jetzt wie schon bei dem von nach Mies van der Rohes Entwurf von 1927 hergestellten Stuhl. Diese Federung ist von großer Bedeutung für die Bequemlichkeit der hinterbeinlosen Stühle: sie bewirkt eine sofort wohltuende spürbare Entspannung des Körpers.

Zweifellos ist dieser erste Stuhl von Mies van der Rohe eine der schönsten
Abb. 146 Stahlrohrstühle. Es ist aber nicht der gebrauchstüchtigste. Denn die seine Schönheit ausmachenden weit ausladenden Bögen (auf die man wohl auch aus statischen Gründen glaubte nicht verzichten zu können) sind beim Aufstehen hinderlich und machen eine vielseitige Verwendung z. B. als Eßzimmerstuhl und am Schreibtisch unmöglich. Universaler verwendbar ist die von Stam gefundene Stuhlform mit den in kleinen Radien gebogenen Rohren. Diese Form und ihre Varianten haben denn auch schnell weite Verbreitung gefunden und geradezu eine Stahlstuhl-Mode eingeleitet.

In Frankreich haben Le Corbusier, Jeanneret und Charlotte Perriand einen lu-
Abb. 150 xuriösen Stahlstuhl entworfen, der 1929 erstmals im Salon d'Automne ausge-
Abb. 61 stellt war. Die weichen Armauflagen, die an Goethes Reisestuhl erinnern und die Breuers erster Sessel von 1925 aus Stoff hat, sind hier Lederriemen; kostbares Fohlenfell ist für Sitz und Rückenlehne verwendet. Der Sitz federt zwar nicht, da aber die Rückenlehne in ihrer Mittelachse beweglich ist, wird ein ähnlicher Effekt erzielt. Außer Stahlrohr wurde auch breites, starkes Stahlband verwen-
Abb. 147 det, z. B. für den hinterbeinlosen sogenannten Brünnstuhl, den Mies van der Rohe um 1930 für das Haus Tugendhat entworfen hat. Er ist der am stärksten federnde Stuhl und gehört mit dem für den deutschen Pavillon auf der Weltaus-
Abb. 148 stellung 1929 in Barcelona entworfenen Sessel mit gekreuzten Stahlbändern zu den luxuriösesten modernen Sitzmöbeln.

Biegung und Formung von Schichtholz

Aus Kunstharzen gepreßte Formen

Das von Michael Thonet erfundene Verfahren, Massivhölzer im Wasserdampf zu biegen und in Formen zu pressen, ist bald mehr und mehr vervollkommnet worden und vor allem in den zwanziger Jahren unseres Jahrhunderts auf die Biegung und Verformung von Schichtholz ausgedehnt worden. Es werden seitdem Sitzbretter, Rückenlehnen, Kopfstücke und Armlehnen in maschinellen Preßprozeduren in jede dem menschlichen Körper sich anschmiegende und für eine bequeme Sitzhaltung erforderliche Form gebracht. Schon früher war die Biegung von Rücken-, Armlehnen, Stuhlbeinen sowie die Kurvung dekorativer Füllungen der Stuhlrücken usw. möglich, und die Ebenisten des 18. Jahrhunderts haben nicht zuletzt darin ihre handwerkliche Meisterschaft bewiesen. Nun konnten aber konkave Sitz- und Rückenflächen in maschineller Massenproduktion kosten- und materialsparend hergestellt und, wenn auch nicht die Wünsche nach ornamentaler Ausstattung, so doch die wesentlicheren funktionellen Bedürfnisse und Anforderungen an Bequemlichkeit erfüllt werden. Ja, es sind auch aus Schichtholzleisten Kufen und in Anlehnung an die Stahlrohrsitzmöbel auch hinterbeinlose Stühle und Fauteuils mit federndem Sitz gestaltet worden. Alvar Aalto hat für die ersten Fauteuils mit freischwebendem Sitz aus gebogenem Birkenschichtholz die Entwürfe gemacht. Sie gehören zweifellos zu den in der Eleganz ihrer Form schönsten modernen Stühlen.

Abb. 183, 184

Abb. 84, 85, 96, 213

Abb. 155, 158

Gebogenes Birkenschichtholz

Die Verformung von Schichtholz spielt in der dänischen Stuhlproduktion eine große Rolle. Gute neue Formen hat Charles Eames um 1950 für Stühle mit gebogenem Schichtholz, für Sitz und Rückenlehne auf einem Stahlrohrgestell geschaffen und damit die Anregung für ähnliche, seinen Modellen sich stark annähernde Typen gegeben. Neben Holz werden heute für Sitzschalen auch gepreßte Kunststoffharze verwendet, die mit Schaumgummi ausgepolstert und mit Stoff bezogen werden können. Der erwähnte stapelbare, aus Stahlblech gepreßte Bistrostuhl hat in einem ebenso stapelbaren schlichten Stuhl aus Kunstharz eine formal verbesserte Nachfolge gefunden.

Abb. 160, 161

Gepreßte Sitzschalen

Moderne Korbstuhlformen

Auch der Korbstuhl, spätestens aus der römischen Antike und dem frühen Mittelalter bekannt, erfährt im zwanzigsten Jahrhundert eine Formerneuerung. Daß er im Wohnungsinventar aller Zeiten keine große Rolle spielt, ist erklärlich: sein Material ist an Beständigkeit dem Holz weit unterlegen, und seine Vorteile, leichten Gewichts und daher sehr beweglich zu sein, wiegen seine Nachteile kaum auf. Da das Flechtmaterial leicht splittert, ist er den Nylonstrümpfen der Damen ebensowenig bekömmlich, wie er es in früheren Zeiten

Abb. 28, 29

28 Sessel. Römische Kaiserzeit. Rheinland. Weidengeflecht. Detail von einem Grabrelief aus Remagen. Trier, Provinzialmuseum

den kostbaren Gewändern war. Erwähnt wird er in der historischen Literatur kaum, und sein so schnell verrottendes Material mag der Grund sein, daß aus früheren Zeiten keine realen Objekte dieser Stuhlart überliefert sind. Auch auf Darstellungen von Interieurs aus nachmittelalterlicher Zeit begegnen wir ihr – meines Wissens – nicht. Binsen- und Rohrgeflecht für Sitzflächen und Rükkenlehnen sind bei historischen Stühlen jedoch keine Seltenheit. *Abb. 22*

Die antiken und frühmittelalterlichen Korbsessel bestanden offenbar aus einem Weidengeflecht. Später aber, seit dem 18. Jahrhundert, wurde auch das von der Rotpalme stammende Peddigrohr (spanisches Rohr) verwendet. Wenn der Korbstuhl im zwanzigsten Jahrhundert eine Wiederkehr in neuen Formen erlebt hat, verdankt er diese offenbar Anregungen, die der Bugholz- und Stahlrohrstuhlbau für die Formgebung des Gestells gaben. Denn die Verwendung des goldbraunen Malakkaholzes für das Gestell ermöglichte dieses so frei zu biegen wie Bugholz und Stahlrohr, im besonderen auch die Beine, die aus statischen Gründen fast stets etwas nach außen gespreizt werden müssen, durch Kufen zu ersetzen. Für die ausgeflochtenen Flächen wird jetzt meist Bondotrohr, auch andere Naturrohre (Peddigrohr) verwendet. Zahlreiche linear reizvolle und elegante Formen schuf in den zwanziger Jahren der in der Bauhaustischlerei ausgebildete, dann an der dem Bauhaus in Weimar nachfolgenden Bauhochschule lehrende Erick Dieckmann. *Abb. 188–190*

29 Korbsessel. 11. Jh. Weide (?). Hohe, den Körper umschließende Rückenlehne, die sich in den Armen fortsetzt. Evangeliar Cod. suppl. graec. 164, Fol. 81. Wien, Österreichische National-bibliothek

Kolonialstuhl – Paketmöbel

Zur Zeit der Koloniengründungen ist ein leicht transportierbarer und ohne Fachkenntnisse aus seinen Teilen aufzubauender und ebenso einfach demontierbarer Faltstuhltyp erfunden worden, der sich bis heute vielfach bewährt hat und eben wegen seiner leichten Transportierbarkeit aber auch als bequemer Landhaus- und Bungalowstuhl nicht ungern benutzt wird: der sogenannte Kolonialstuhl. *Abb. 215, 216*

Von ihm mochte die Anregung ausgegangen sein, auch andere Stuhltypen in gleicher Weise montierbar in den Fabriken herzustellen und als ›Paketmöbel‹ an den Abnehmer zu senden. Paketmöbel haben vor allem skandinavische Möbelfabriken hergestellt und dafür sich der Entwürfe guter Designer bedient, *Abb. 217* so daß manche Paketstühle von hervorragender formaler und funktionaler Qualität entstanden sind.

Stuhlformen, Sitzgewohnheiten, Sitzsitten

Sitzgeist im Wandel

Die Handwerker machen die Stühle. Ihre Form aber bestimmen weniger sie als die jeweiligen Sitzgewohnheiten, Sitzwünsche und Sitzgebote. Diese entscheiden letztlich darüber, wie hoch oder niedrig, wie hart oder weich der Sitz ist, ob die Rückenlehne steil oder geneigt ist. Es gibt zu allen Zeiten etwas wie einen ungeschriebenen Codex des Sitzens, und es werden im allgemeinen keine Stühle gebaut, die diesem Codex widersprechen, den das jeweilige Körper- und Selbstgefühl des Menschen, wesentlich aber auch die gesellschaftlichen Sitten und Gebote diktieren. Es ist also nicht nur der Körper, der die Art des Sitzens bestimmt. Christian Morgensterns bekannte Zeilen spielen darauf an: ›Wenn ich sitze, will ich nicht sitzen, wie mein Sitzfleisch möchte, sondern wie mein Sitzgeist sich, säße er, den Stuhl sich flöchte.‹ Nur ist es, wenigstens in der Vergangenheit, nicht so sehr der individuelle Sitzgeist, wie der gesellschaftliche, der die Stühle flicht – und zwar nach Rang und Würde sehr verschieden, so daß die Geschichte des Stuhls auch ein Kapitel Sozialgeschichte ist. Zu diesem Thema seien einige Marginalien gemacht.

Mittelalter

Abb. 14

Abb. 19

Von den oft überaus kunstvoll gestalteten Repräsentationssitzen verschiedener Form abgesehen, gab es im europäischen Mittelalter wenige Sitzmöbel für den allgemeinen Gebrauch. Bank, Sitztruhe, Hocker, Schemel, Sprossenstuhl waren die verbreitetsten. Am Eßtisch wurden neben schlichten Bänken vor allem dreibeinige Hocker mit dicker Sitzplatte, in die die schräg gestellten Beine eingestemmt sind, gebraucht. Ende des 15., Anfang des 16. Jahrhunderts trat in den Ländern nördlich der Alpen der Scherenstuhl hinzu, der, nach den Gemälden der Zeit zu schließen, ebenfalls vor allem als Sitz am Eßtisch diente. Er wurde von Italien übernommen, wo sich schon im 12. Jahrhundert in den Stadtstaaten eine aus Geburtsadel und bürgerlichem Kaufmannsstand gemischte Geldaristokratie gebildet hatte, deren Lebensstil eine Wohnkultur entstehen ließ, wie sie der Norden noch längere Zeit nicht kannte. Für Italien, zumindest für seine wirtschaftliche Macht, war die Renaissance – im Anschluß an eine Formulierung von Henri Pirenne gesagt – ein Sonnenuntergang. Für den Norden war sie eine Morgenröte. Diesseits der Alpen begann der wirtschaftliche Aufschwung und mit ihm ein neuer Lebensstil auch in der reich gewordenen bürgerlichen Kaufmannsschicht erst im 15. Jahrhundert. Der aus einfacher Herkunft stammende, vom ›Münzmeister‹ König Karls VII. zum millionenschweren Kaufmann aufgestiegene Jaques Coeur (1395–1456) war nicht der einzige bürgerliche Kaufmann, der prächtige Häuser besaß: in Bourges einen Palast, Hôtels in Paris, Tours und Montpellier und an luxuriöser Ausstattung seiner Residenzen nicht sparte. Es gab die Laurin, die Watervliet in den Niederlanden, die Fugger in Augsburg. Sie stellten nicht geringere Ansprüche an ein luxuriöses Leben und Wohnen. Es ist schwer zu sagen, ob es mehr diese *nouveaux riches* der nordischen Renaissance oder die Fürstenhöfe waren, die die Kunsttischler ins Brot setzten. Jedenfalls hat sich die Zahl der Stuhlformen mit den luxuriösen Wohnbedürfnissen gesteigert. Mit diesen haben sich aber auch die Sitzsitten gewandelt oder umgekehrt die Stuhlformen mit den neuen Sitzwünschen.

In der höfischen Wohnkultur, die ja für den bürgerlichen Parvenü das Vorbild war, trat in Frankreich im 16. Jahrhundert unter Henri II eine Wandlung der Stuhlformen ein, die gewiß sehr stark von dessen Gemahlin Katharina von Medici beeinflußt war. Die Chaire kam aus der Mode. *Chaire* Sie machte einer kleineren, beweglicheren, weniger starren und feierlichen Form Platz: einem Kastensitz mit niederer Rückenlehne, der ›*chayère*‹. *›chayère‹* Eine ähnliche Form gab es schon drei oder mehr Jahrhunderte früher. *Abb. 192* Bei den auvergnatischen Holzstatuen des 12. Jahrhunderts, ebenso auf Tympana, wie denen von Mozac bei Riom und von La Charité-sur-Loire in Burgund thront Maria mit dem Kinde auf solchen Stühlen. Möglich, daß sich eine schlichtere Form für den Gebrauch in der Wohnung aus diesem feierlichem Thron entwickelt hat. War der Kaminsitz früher meist eine Bank oder Truhe, so wurden jetzt offenbar dafür beweglichere Sitze bevorzugt. 1556 wird jedenfalls zum erstenmal in Frankreich ein niederer Damenstuhl mit Rückenlehne, aber wegen des Vertugadin ohne Armstützen, zum Sitzen vor dem Kamin erwähnt und als *caquetoire,* also als Plauderstuhl erwähnt. Wenig später oder gleichzeitig gab es auch den Caquetoire *Caquetoire* mit normaler Sitzhöhe, hoher Rückenlehne und Armlehnen, trapezoider Sitzfläche *Abb. 40–43* (deshalb wird er auch nach dem Gebäck ›*en forme de talmouse*‹ genannt), gedrechselten Vorder-, kantigen Hinterbeinen, die knapp über dem Boden mit versteifenden Stegen verbunden sind (diese Stegverbindungen treten in einigen Varianten, auch in H-Form, auf). Bei diesem Caquetoire, der wahrscheinlich eine Abwandlung leichter, italienischer Armlehnstühle ist und über ganz Frankreich, in den Niederlanden und in England verbreitet war, nehmen die meist weit ausschwingenden, grazilen Armlehnen wohl auch etwas Rücksicht auf die mit dem Vertugadin ausgepolsterten Damenröcke. Ein Damenstuhl war er ja wohl in erster Linie.

Jedenfalls ist er ein in ein konstruktives Skelett aufgelöster Kastenstuhl, und in dieser Auflösung der kompakten, aus Brettern zusammengesetzten Kastenform deutet sich die im Stuhlbau des 16. Jahrhunderts zum Ausdruck kommende Tendenz an: es werden weniger starre und sowohl optisch wie auch nach ihrem Gewicht leichtere, vor allem auch bequemere, dem Gebrauch angemessenere Typen und Formen bevorzugt. Der italienische Scherenstuhl, in *Scherenstuhl* welcher Form immer, fand auch in französischen Palästen Eingang. Jeanneau *Abb. 57–60* weist auf ein Inventar von 1556 hin, in dem zehn ›*chaises à tenailles*‹, also Scherenstühle, für die Prinzessinnen als Sitze an der Tafel und andere Klappstühle für die übrigen Teilnehmer am Mahle erwähnt sind. Da die Verwendung dieser Stühle ausdrücklich angegeben wird, darf man annehmen, daß es sich um leicht wegzuräumende Stühle, also echte Klappstühle handelt. Als Stuhl an der Tafel und als Reisestuhl mehr in Gebrauch gekommen zu sei scheint jetzt, im 16. Jahrhundert, auch ein Klappstuhl mit gurt- oder leinwandbespannten Sitz- und niederen Rückenlehnen, *perroquet* genannt. Die Stühle mit Rücken-, ohne Armlehnen haben sich vermehrt. In der protokollarischen Ordnung aber hat sich nichts geändert: den Armlehnstühlen *(fauteuils)* folgen die Stühle mit Rücken-, aber ohne Armlehne, die Hocker mit quadratischen und oblongen Polstersitzen (auch da gab es wiederum Rangstufen) und die *Ployants* auf Scherenfüßen.

perroquet

Abb. 128–130

Höfisches Zeremoniell

Brian Austen erinnert in seinem Buch über englische Möbel an das streng eingehaltene Zeremoniell: ›Als im Jahre 1601 König James I. den Konnetablen von Kastilien in Whitehall empfing, durften sich nur der König und die Königin auf einen Stuhl setzen; selbst der vornehme Gast mußte auf einem Schemel, dem allerdings ein Kissen aufgelegt wurde, Platz nehmen. Eine ähnliche Etikette wurde nach der Restauration durch Charles II. bei Hof und auch in den Privathäusern beachtet. Als Cosimo III., Herzog von Toskana, 1669 Wilton House besuchte, gewährte er seinen Gastgebern eine besondere Gunst: sie durften, ebenso wie er, auf einem Stuhl Platz nehmen, während sich die übrige Gesellschaft mit Hockern und Schemeln begnügen mußte. Den Brauch, dem gesellschaftlichen Rang mit den entsprechenden Sitzgelegenheiten Ausdruck zu verleihen, belegt ohne Zweifel die große Zahl der Hocker, die in zeitgenössischen Inventaren aufgeführt ist. So besaß z. B. Lord Lunley 1590 in seinen diversen Häusern (Nonsuch Palace, Lumley Castle in Yorkshire, Tower Hill in London und Standsted in Sussex) zwar nur 76 Stühle, dafür aber 255 Hocker, von denen 80 gepolstert waren.‹ An dem höfischen Zeremoniell hat sich noch lange Zeit nichts geändert.

Dennoch hat sich schon im 16. Jahrhundert in dem vom protokollarischen Reglement etwas unabhängigeren ungezwungeneren gesellschaftlichen Leben – das hat es ja auch gegeben – der Wunsch nach gebrauchstüchtigen, bequemen Sitzmöbeln verstärkt. Die Stühle mit Rückenlehne haben in dem Maße zugenommen, in dem die Damen das gesellschaftliche Leben beeinflußten. Die Hofsitten – nicht das offizielle Zeremoniell – waren, wenigstens in Frankreich, freier geworden. Memoirenschreiber rühmen die Familiaritäten des Königs Henri IV.

Mit diesen war es unter Louis XIV zu Ende. Das Hofleben war wohl noch nie einem so strengen Reglement unterworfen wie unter dem Sonnenkönig, der wie ein sterblicher Gott regierte. Für alle Tätigkeiten gab es Vorschriften. Die Kleidung war ebenso wie die geometrisch abgezirkelten Gärten von Lenôtre stilisiert. Man bewegte sich – auch beim Tanz – marionettenhaft. Dennoch sind die Stühle bequemer geworden, nicht nur prächtiger. Sie werden gepolstert. Die Rückenlehnen werden geneigt, mit einfachen Vorrichtungen sogar auch

30 Ohrensessel. Wie für das Meublement im allgemeinen haben sich auch für das 19. Jh. hindurch in England und in den skandinavischen Ländern allgemein, im übrigen Europa vereinzelt, auch bei den Stühlen schlichte Gebrauchsformen erhalten. Gemälde von Viggo Johansen »Sonnenschein im Eßzimmer«. 1899. Stockholm, Nationalmuseum

Ohrensessel Abb. 90

verstellbar gemacht. Es werden die ersten Ohrensessel hergestellt, für die Damen das ›*canapé*‹, auch ›*lit du jour*‹ und ›*lit du repos à la manière des Turcs*‹ genannt. Auf ihnen liegend empfangen sie auch Besuch. Voltaire schreibt Mitte des 18. Jahrhunderts im Dictionnaire Art Cérémonies: ›Heutzutage sind die Sitten einheitlicher, die Canapés und die Chaise-longues werden von dem Damen benutzt, ohne daß das in der Gesellschaft Verwirrung stiftet.‹ Wenn es

Liegemöbel

diese Liegemöbel auch schon Ende des 17. Jahrhunderts gab, so sind sie doch erst in der ersten Hälfte des 18. Jahrhunderts richtig Mode geworden. Jedenfalls werden sie erst dann nicht ohne Stolz als Ausdruck des freien Geistes und der Genußfreudigkeit der damaligen Gesellschaft erwähnt. Es tritt also schon gegen Ende der Herrschaft von Louis XIV eine weitere Differenzierung der Typen und Formen ein.

Manufacture royale de la Couronne

Eine entscheidende Wandlung hat die Wirtschaftspolitik von Colbert herbeigeführt, die Gründung der ›Manufacture royale de la Couronne‹. Sie wurde geleitet von dem Hofmaler Le Brun. Architekten, Maler, Bildhauer und eigens dazu in der Manufaktur ausgebildete Ornamentzeichner machten die Entwürfe, nach denen Kunsthandwerker die luxuriösen Gebrauchsgegenstände für den königlichen Hof anfertigten. Auch diese Kunsthandwerker wurden großenteils in der Manufaktur ausgebildet, die auch Kunst- und Handwerkerschule war und nicht für den Bedarf des königlichen Hofes allein arbeitete. Colbert hatte sie von Anfang an als ein großes industrielles Unternehmen zur Finanzierung des Staatshaushalts geplant. Voltaire mag übertrieben haben, wenn er die Zahl der in der Manufaktur beschäftigten Arbeiter mit achthundert angibt; einige Hundert waren es gewiß. Jedenfalls trug diese Manufaktur wesentlich zur allgemeinen luxuriösen Ausstattung der Wohnungen bei, im besonderen auch der bürgerlichen Unternehmerschicht, der sich, wie in Italien, mehr und mehr mit dem Adel vermischenden reich gewordenen Kaufmanns- und Industriellenschicht, aus der Louis XIV übrigens auch seine Minister

Französische Möbelindustrie des 17./18. Jhr.

nahm (Colbert war der Sohn eines Textilfabrikanten). Der Export der französischen Industrie wurde mittels Steuererleichterungen, unverzinslichen Staatsdarlehen, Exportprämien etc. derart forciert, daß sie halb Europa versorgte. Die Tischlerarbeiten standen mit an der Spitze. Die europäischen Stuhlformen des 17/18. Jahrhunderts waren Kreationen der französischen Möbelindustrie, zum mindesten von ihnen beeinflußt. Sie waren nicht mehr nur Schöpfungen des unmittelbar gestaltenden Handwerks, sondern großenteils Kreationen von Künstlern, deren Entwurf der Handwerker realisierte, ihm zum mindesten die Anregung für die detaillierte Gestaltung gab. Jedenfalls hat die Colbertsche Wirtschaftspolitik wesentlich, wenn man das so nennen darf, zu einer Demokratisierung der vornehmen Wohnungsausstattung beigetragen. Es gab nun eigentlich keine Möbel- und Stuhlformen mehr, die prinzipiell nicht jedermann zur Wahl standen. So prächtig wie am königlichen Hof waren die Stühle und die Fauteuils in der bürgerlichen Wohnung zwar nicht. Mochten sie schlichter, derber, schmuckloser sein, ihr funktionaler, aber auch formaler Wert war nicht geringer. Sie sind nicht weniger bequem, dem Gebrauch, den Sitzsitten angemessen.

Caquetoire

Im 16. Jahrhundert ist der Fauteuil der ungepolsterte Armlehnstuhl, der Caquetoire mit hoher steiler Rückenlehne. Sie allein trägt geschnitzte Ornamente. Das Fußgestell ist immer schmucklos. Im 17. Jahrhundert werden die nun allgemein geneigten Rückenlehnen und der Sitz gepolstert. Zum Träger der Dekoration werden die bestickten oder gewebten Bezugstoffe. Für dekoratives Schnitzwerk bleibt eigentlich nur das Fußgestell, das durch nun höher liegende Stege versteift ist. Meist sind die Stege kunstvoll gedrechselt. Zwischen die kräftigen Docken (Baluster) sind oblong rektanguläre Zwischenstücke eingeschoben, und die Enden sind kapitellartig gebildet, was ihre Eindübelung in die Beine erleichtert. Auch diese rektangulären Gebilde sind manchmal dekoriert. Häufig aber sind die Stege höchst kunstvoll gestaltet und wie die Beine profiliert und skulpiert, elegant geschweift, gekreuzt oder eine H-Form bildend. Jedenfalls konzentriert sich die Kunst der Ornamentschnitzer auf die Partie unter dem Sitz. Im 18. Jahrhundert kommt das figurenreiche Linienspiel der Stegverbindungen aus der Mode. Die Beine werden auch jetzt noch gerne geschweift, in der Regel profiliert, häufig auch skulpiert, aber nur selten durch Stege verbunden.

Abb. 97, 99, 107–109

Erfindungsreiches Dixhuitième

Bevor die Maschinen zu rotieren begannen und auch den Stuhlbau revolutionierten, war kein Jahrhundert im Konstruktiven so erfindungsreich wie das achtzehnte. Es war keineswegs nur im Dekorativen phantasievoll. Es hat auch die genialsten Erfindungen gemacht, den Umgang mit den praktischen Dingen zu erleichtern, diese selbst ästhetisch genußvoll zu gestalten und ihnen den mannigfachen Bedürfnissen angemessene Formen zu geben. Gewiß kam nur die privilegierte Bevölkerungsschicht in den Genuß dieser Annehmlichkeiten. Durch die fortgeschrittene Verschmelzung von Geburtsadel und bürgerlicher Geldaristokratie ist sie nicht nur sehr breit geworden. Die Familiarisierung des Hoflebens hat sie auch zum entscheidenden, ja einzigen Kulturträger werden lassen. Das gesellschaftliche Leben spielt sich nicht mehr am Hofe ab, nicht mehr in großen, unwohnlichen, ganz der Repräsentation dienenden Sälen, sondern in den Stadthôtels und -palais und auf den Landsitzen, in wohnlichen, ihrer Funktion gemäß möblierten Salons. Die Grenzen zwischen den Ständen und Klassen werden zwar betont, dennoch schreitet die Vermischung von Geburtsadel, Neuadel und Geldaristokratie fort. Die Salons öffnen sich nicht nur dem reich gewordenen Bürgertum, sondern auch der Intelligenz, unabhängig von der Herkunft. Die gesellschaftlichen Sitten sind freier geworden. Damit steht in unmittelbarem Zusammenhang die Differenzierung der Sitzmöbeltypen. Es wird weiterhin auf ihre kunstvoll-dekorative Gestaltung großer Wert gelegt. Sie verlieren aber ihren feierlich repräsentativen Charakter zugunsten eines menschlicheren Maßstabs, werden damit auch beweglicher und in ihrer Erscheinung leichter. Stühle und Fauteuils mit Rohrgeflecht werden beliebt. Die Rückenlehnen bei den Fauteuils werden nicht nur geneigt, in Anpassung an den Körper gerundet und gekurvt und allgemein niedriger, der Sitz dagegen eher breiter und tiefer. Die Stuhlschreiner tragen in jeder Weise der Nonchalance Rechnung, in der sich die Gesellschaft gefällt, wie den vielfältigeren Bedürfnissen, die sich aus den familiärer gewordenen gesellschaftlichen Sitten er-

Abb. 91, 93, 96

Abb. 98, 194, 198

Abb. 87, 195, 202 geben. Sie setzen mit Rücksicht auf die bauschigen Kleider der Damen allgemein bei den Fauteuils die Armlehnstützen zurück oder kurven sie aus. Die *chaise à la Reine* Sitzhöhen werden reduziert. Als leichte Eßzimmerstühle werden die *chaises à la Reine* mit gepolstertem, rohrgeflochtenem Sitz und ebenflächiger, etwas geneigter, ausgeflochtener, häufig figurenreich gekurvter und geschnitzter, gelegentlich auch gepolsterter Rückenlehne sehr beliebt. Ebenso die *Fauteuils à la Reine* mit gepolsterten, mit kostbaren Stoffen bezogenen Sitzen und Rückenlehnen und Polsterauflagen auf den Armlehnen. Zur Erhöhung der Bequemlichkeit wird die bei dem Typ à la Reine stets ebenflächige Rückenlehne leicht *Abb. 84, 85* muldenförmig gestaltet, im besonderen bei den *chaises gondoles.*

Bergère Vor allem vermehren sich die Sitzmöbeltypen. Um 1730/40 kommt die *Bergère* in Mode, ein gepolsterter, sehr breiter Fauteuil mit geschlossenen Armlehnen und einer aufgelegten Matratze. Sie ist einer der bequemsten Sessel, die je gebaut wurden. Manchmal sind die Seitenwangen an der Rückenlehne hochgeführt und laden in Kopfhöhe wie bei den Ohrensesseln etwas aus. Die Bergère ist auch besonders breit gebaut worden, so daß zwei Personen auf ihr Platz finden. Dieses kleine, der *Marquise* entsprechende Sofa wird bezeichnenderweise *Abb. 88* *Causeuse, Confident, Tête-à-tête,* in England *settee* oder *love-seat* genannt. Es entstehen für verschiedene funktionale Bedürfnisse Sonderformen: Frisier- *Abb. 194, 195* oder Puderstühle *(fauteuil à coiffer* oder *fauteuil à poudrer)* mit besonders niederer, den Körper unter der Schulter gleichhoch umschließender Lehne. Ähnliche Formen mit etwas höherer Lehne sind für Bureaustühle entstanden. Der Schreibtischsessel mit halbrunder, niederer, sich in die Armlehnen fortsetzen- *Abb. 198* der Rückenlehne wird seit etwa 1780 auch als Eckstuhl konstruiert, d. h. mit übereck gestellter Zarge und frontalem Fuß. Auch drehbare Fauteuils gab es *Abb. 196* für den Gebrauch am Schreibtisch. In England hat man um 1720 für Bibliotheken eine Sonderform gebaut: ein Stuhl mit Lesepult an der Rückenlehne, so daß man auch rittlings sitzend, die Arme auf das ausgekragte Kopfbrett legend, *Abb. 200* lesen kann. Einen solchen, mit Wildleder bezogenen Stuhl besaß John Gay, der Dichter einer Bettleroper, die Brecht die Anregung zur ›Dreigroschenoper‹ gegeben hat. An diesem Stuhl waren außerdem an den Armstützen herauszudrehende Tabletts für Schreibzeug angebracht. Für den Spielsalon hat man *Abb. 201, 202* Fauteuils mit breiten Polstern auf der Rückenlehne zur weichen Auflage der Arme für den das Spiel Beobachtenden, die *voyeuses,* und gepolsterte Stühle mit ebensolchen Armauflagen, die *voyelles,* erfunden. Es gab auch hochbeinige *Abb. 203* *sièges à jeu* in einer an unsere Barhocker erinnernden Form. Sie waren offenbar das Vorbild für den Schreibpultsitz, den sich Goethe hat anfertigen lassen, um *Abb. 204* rittlings vor dem Pult sitzen zu können.

Empire Die eigenartige Synthese von formellen Umgangsformen und Nonchalance, die die Elite der Epoche Louis XV für sich gefunden hatte, verliert im Empire ihre Natürlichkeit. Das findet seinen Ausdruck in der preziösen Eleganz und gekünstelten Feierlichkeit der Sitzmöbel, die sich an Vorbildern der späten römischen Antike orientieren. In den dekorativen Details werden römische und ägyptische Vorbilder mehr oder weniger kopiert.

Biedermeier-Klassizismus

Inzwischen aber haben die Möbeltypen in dem familiären bürgerlichen Milieu eines mittleren kultivierten Bürgertums Eingang gefunden, das Bilder von Chardin, Greuze, gelegentlich auch die von Boucher und Fragonard, im Osten von Chodowiecki, Friedrich, Kersting etc. vergegenwärtigen. Es kehren dort in schlichteren Formen die Möbel und Stuhltypen wieder, die die aristokratische Elite bevorzugte. Sie haben die kultivierte Schlichtheit der Wohnungen vom Ende des 18. Jahrhunderts geprägt (Goethehaus in Frankfurt, Goethes Wohnung in Weimar, die Wohnräume der Bach, Mozart usw.). Diese klassizistisch-biedermeierliche Wohnkultur hat sich bis tief ins 19. Jahrhundert hinein erhalten. Daneben ist aber eine andere, neue Welt seit etwa 1830 mit der durch die auf der Maschinentechnik beruhenden industriellen Entwicklung entstanden und mit ihr eine neue Gesellschaft mit neuen praktischen und ideologischen Bedürfnissen und anderen Ansprüchen an die Wohnung und ihre Ausstattung, also auch an Funktion und Gestalt des Stuhls.

Maschinelle Produktion

Die rapide Entwicklung der modernen Technik hat die gestaltende Hand mehr und mehr durch den Griff an der Maschine ersetzt und den Handwerker zum (Fach-) Arbeiter werden lassen. Auch die Möbel werden nun nicht mehr nur in Schreinerwerkstätten von Handwerkern nach traditionellen Verfahren und in altgewohnten Formen (wenn oft auch nach Entwürfen von dritter Hand) hergestellt, sondern auch in Fabriken, die mit Maschinen arbeiten. Die Entwürfe für die Fabrikmöbel stammen von Musterzeichnern, die darauf spezialisiert sind, historische Formen zu kopieren, sie aber auch mit Geschick zu verändern – weniger um sie veränderten, neuen Bedürfnissen anzupassen als um sie prunkvoller zu machen, und da die Maschinenarbeit vor allem billiger sein soll als Handarbeit, wird auf den formale und dekorative Werte bloß vortäuschenden Schein hin entworfen und fabriziert. Denn dem rasch zu Reichtum und Ansehen gelangten Bürger des Industriezeitalters kann nichts prächtig genug sein. Auch sein Mobiliar sollte ihm und seinen Gästen seinen Reichtum sichtbar bestätigen. ›Je ordinärer die Familie‹, sagte Adolf Loos, ›desto reicher und größer das Buffet‹. Neben bewohnbaren Zimmern gab es die unbewohnbare kalte Pracht des Salons.

Historismus
Abb. 163, 164

Auch die Stühle sind damals prächtiger und unbequemer geworden. Sie werden mit dekorativen maschinell hergestellten Schnitzereien überladen, mit Velour gepolstert und mit Fransen behängt. Alle Stile werden imitiert. Man lebt in Interieurs aller historischer Stile. Alfred de Musset sagte: ›Wir haben alles von allen Zeiten, nur nichts aus unserer.‹ Nur der Bugholzstuhl und der eiserne Gartenstuhl blieben vor historistischer Formgebung bewahrt, sie büßten auch durch die mechanisierte Massenproduktion nichts von ihrer formalen, materiellen und funktionalen Qualität ein. Zu prunkvoller Schmückung boten sie sich auch kaum an. Das modische Formenspiel beschränkte sich auf die variable Gestaltung der Spiralen, die der Versteifung der Konstruktion dienen und einer funktionsorientierten Gestaltung nicht widersprechen. Ja, bei ihnen wirkte sich die maschinelle Produktion sogar qualitätssteigernd aus, während sie sonst die materielle, funktionale und formale Qualität desto mehr minderte,

Abb. 140

je mehr sie der handwerklichen Kunstschreinerei nacheiferte und historisierend dekorierte.

Ziemlich unberührt von willkürlichen dekorativen und formalen Formspielereien ist der Sprossenstuhl geblieben. Sie beschränkten sich meist auf die Ausbildung der Rückenlehnen. Eine Massenproduktion durch maschinelle Vorfertigung der gedrehten Beine und Sprossen hat den Charakter dieses Stuhltyps jedenfalls nicht verändert. Es gibt einige Sprossenstühle aus der ersten Hälfte des 19. Jahrhunderts, bei denen für das konstruktive Gerippe anstelle von Holz Bambusrohr verwendet wurde. Diese Stühle sind aber Raritäten geblieben.

Verfall der traditionellen Formkultur

Der nach Klassizismus und Biedermeier, Directoire und Empire, d.h. einer sich an klassischen Vorbildern orientierenden, aber doch stilistisch noch ziemlich einheitlichen Epoche eingetretene Verfall der traditionellen Formkultur hat viele Ursachen. Eine, und gewiß eine sehr entscheidende ist die irrtümliche Meinung, die Maschine sei lediglich ein Mittel zur Abkürzung, Vereinfachung, Erleichterung und Verbilligung der vordem vom Menschen geleisteten Arbeit, und die moderne Technik setze das Werk der Hände nur mit anderen Mitteln fort. Die moderne Technik schien ja alles machbar zu machen: die beschleunigte Herstellung alter und neuer Schönheit, die Erzeugung von Kunststoffen, die die natürlichen so täuschend imitieren, daß das Auge die Fälschung kaum noch zu entdecken vermag. Diese Wunder, mehr noch Wunderlichkeiten, die die Technik zu zaubern vermag, führte die erste im Londoner Kristallpalast 1851 aufgebaute Ausstellung zum erstenmal einem fortschrittsfrommen breiten Publikum vor Augen. Auch Michael Thonet zeigte dort seine ersten Bugholz-Stühle. Es gab aber noch sensationellere Neuheiten auf dem Möbelmarkt: Möbel aus Papiermaché, darunter auch überreich und farbenfroh dekorierte Stühle. Die große Masse der Besucher mochte die Empfindungen des Prinzgemahls der Königin Victoria teilen, der in seiner Eröffnungsrede von einem ihn erfüllenden Gefühl tiefer Dankbarkeit gegenüber dem Allmächtigen sprach, der uns den Segen der Technik angedeihen läßt. Es gab jedoch auch eine mehr bestürzte als hoffnungsfrohe Minderheit, der dieser Segen eher Sorge machte. Gottfried Semper, der dem Komitee der Ausstellung angehörte, schrieb in einem kritischen Bericht: ›Das Schwierigste und Mühsamste ereicht sie (die moderne Technik) spielend mit ihren von der Wissenschaft erborgten Mitteln; der härteste Porphyr und Granit schneidet sich wie Kreide, poliert sich wie Wachs, das Elfenbein wird weich gemacht und in Formen gedrückt, Kautschuk und Guttapercha wird vulkanisiert und zu täuschenden Nachahmungen der Schnitzwerke in Holz, Metall und Stein benutzt, bei denen der natürliche Bereich der fingierten Stoffe weit überschritten wird. Metall wird nicht mehr gegossen oder getrieben, sondern mit jüngst unbekannten Naturkräften auf galvanoplastischem Weg deponiert . . . Die Maschine näht, strickt, schnitzt, malt, greift tief ein in das Gebiet der menschlichen Kunst und beschämt jede menschliche Geschicklichkeit‹.

Weltausstellung, London 1851

Abb. 162

Es waren unter den Architekten und entwerfenden Künstlern nicht wenige, die mit Sempers Kritik übereinstimmten. Ja, aus ihrem Kreis ist der Auftrag an

Sessel aus dem Grab Tutanchamuns. Ägypten. Holz. H. 75. Kairo, Ägyptisches Museum

Fauteuil. Régence. Frankreich. Vergoldet. Originale Aubusson-Bezüge. Einer von vier gleichen. München, Fischer-Böhler

Stuhl. Um 1765. Neuwied. Gepolstert. Verschiedenfarbige Marketerie in Palisanderfurnier. A. und D. Roentgen. H. 100, B. 56, T. 62. Hamburg, Museum für Kunst und Gewerbe.

Landi-Stuhl. 1938. Schweiz. Aluminiumlegierung. H. 78, Sh. 44, B. 45, T. 50. Entwurf Coray und Blattmann. München, Die Neue Sammlung

Semper zur Abfassung dieses Resumés gekommen. Der intellektuelle Maschinensturm der Ruskin und Morris ist nicht erst eine unmittelbare Reaktion auf die Weltausstellung, hat ihm aber frischen Wind in die Segel gegeben. Das radikale Nein zur Maschine war gewiß nicht nur ästhetisch motiviert. Doch hatte es im Bereich der Formgebung seinen größten, ja einzigen Erfolg. Aus ihm ist die englische, bald auf den Kontinent sich auswirkende kunstgewerbliche Reformbewegung erwachsen. Die Erzeugnisse der Morris-Werkstatt konnten freilich auf dem großen Markt mit den Maschinenprodukten nicht konkurrieren. Sie waren zu teuer und kamen deshalb nur einer wohlhabenden kultivierten Elite zugute. Es gab eben keinen Weg zurück zu einer auf jede maschinelle Hilfe verzichtende Warenproduktion. Morris selbst ließ zuletzt an mechanischen Webstühlen arbeiten und revidierte sein radikales Verdikt gegen jede Maschinenarbeit. Aber er hat als Redner, Schriftsteller und Leiter seiner Werkstatt in weiten Kreisen den Sinn für die Qualität der Werkstoffe und ihre werkgerechte Verarbeitung wieder geweckt, der verloren zu gehen drohte. Obschon er einen romantisch rückgewandten Sozialismus predigte und sich an historischen Vorbildern orientierte, war die Formgebung der Erzeugnisse seiner Werkstatt doch nicht historistisch. Die Morris-Stühle sind Schöpfungen eines meisterlichen Handwerks, das sich von historisierenden Formalismen freihält.

Ruskin und Morris

Abb. 120

Es gab nicht nur in der Morris-Werkstatt in jenen Jahrzehnten des blühenden Historismus eine auf die Imitation historischer Muster verzichtende Formgebung. Gewiß hat das wirtschaftlich erstarkte Bürgertum seine Wohnung in Anlehnung an historische Vorbilder eingerichtet und wurde dazu durch das Möbelangebot der Industrie und des Handels entscheidend bestimmt. In England orientierte man sich fast ausschließlich an gotischen Vorbildern, in Frankreich in den Eßräumen an die Renaissance des 16. Jahrhunderts, in den Salons an die Stile Louis XV und Louis XIV. In Österreich und Deutschland war, wenn nicht das französische Vorbild, Makarts Atelier, das sogar zu bestimmten Besuchszeiten öffentlich zugänglich war, das Leitbild. Trotz aller Schemen und Konventionen wurde jedoch auch ein verstärktes Bedürfnis nach Behaglichkeit und Befriedigung persönlicher Bedürfnisse spürbar – nicht nur in England, wo das Repräsentationsbedürfnis nie so sehr entwickelt war wie in Frankreich, sondern auch in Deutschland und Österreich. Das äußerte sich vor allem in den Formen der Sitzmöbel, von der handelsüblichen Fabrikware für die minderbegüterten Schichten abgesehen. Hier kam gute Handwerkstradition zur Geltung. Bei der Morris-Werkstatt war das selbstverständlich. Es wurden aber nicht nur in ihr sehr schöne, ebenso schlichte wie bequeme Sprossenstühle und Sprossen-Armlehnstühle gebaut. Auch andere ›Kunst-Möbel‹ produzierende, mit Maschinen arbeitende Werkstätten brachten sauber konstruierte, klar geformte Stühle und Sessel ohne historisierenden Dekor nach eigenen oder nach Entwürfen von Architekten heraus. Diese sind auch dann nicht eigentlich historisierend, wenn sie, wie Godwins ›Griechischer Stuhl‹ von 1870, nicht verschweigen, welche historischen Formen die Anregung gaben. Es gab eigentlich die von van de Velde geforderte ›vernunftgemäße Schönheit‹ in allen Epochen. Nur zeitweise war sie rar geworden.

Abb. 118

Jugendstil Mit dem in den neunziger Jahren aufgeblühten Dekorationsstil – dem Art Nouveau oder Jugendstil – trat eine bewußt, ja exaltiert antihistoristische Modeströmung auf den Plan. Sie war zwiegespalten wie das ganze neunzehnte Jahrhundert: auf der einen, ihrer Hauptseite, höchst individualistisch, geradezu hektisch um die Entwicklung eines zeiteigenen extravaganten Dekorationsstils bemüht, auf der anderen Seite aber auch von einem die Notwendigkeiten der Zeit realistischer begreifenden, im Anfang, besonders bei van de *H. van de Velde* Velde, sogar von sozialistischen Gedanken mitgetragenen Geist geprägt. Van de Velde wollte mehr als eine luxuriöse Dekorationskunst für eine Elite, für die guter Geschmack Religion war. ›Was nur einem einzigen zugute kommt, ist fast schon unnütz, und in der zukünftigen Gesellschaft wird nur das geachtet sein, was für alle von Nutzen ist,‹ schrieb er und kam damit Gedanken von Morris sehr nahe. Er war aber kein Gegner der Maschine und der modernen Industrie. Er wünschte sich ›eine tausendfache Vervielfältigung‹ seiner Entwürfe und sagte (1897), man müsse beim Möbelentwurf alles vermeiden, ›was nicht durch die Großindustrie verwirklicht werden könnte‹, es sei jede Form und jedes Ornament zu verwerfen, ›die ein moderner Maschinenbetrieb nicht leicht herstellen und wiederholen kann‹. Er will ›vernunftgemäße Schönheit‹ und hat sie in seinen Möbeln, insbesondere in seinen Stuhlentwürfen auch verwirklicht. Ja, so dekorationssüchtig der Jugendstil immer war, seine Stühle sind zumeist betont funktionsgerecht Form ohne Ornament, die auch ohne Einbuße maschinell zu verwirklichen ist. ›Alles Maschinelle kann schön sein, wenn es nur schmucklos ist‹, hatte Oscar Wilde schon 1882 gesagt.

Die Aufspaltung des Jugendstils, der ja mehr eine Revolte gegen den Historis- *Symbolismus* mus war als ein einheitlicher Stil, in eine dekorativ-symbolistische, zum Extravaganten und modischen Effekt neigende Strömung und in eine ernsthaft den realen Bedürfnissen nachspürende, zu konstruktiver Klarheit und Einfachheit strebende Gestaltungstendenz, zeichnet sich in der Formgebung der Sitzmöbel *Extravaganz* recht deutlich ab. Der ersten Strömung kommt es mehr auf originelle Gestaltungsideen als auf den Gebrauchswert an. Sie greift zu jedem Material und scheut vor keiner Abschweifung ins Absonderliche zurück. Extreme Zeugen für diese oft mehr phantastischen als phantasievollen Formkreationen sind die Stühle von Antonio Gaudi und eine von dem Keramiker André Matthey für die *Abb. 165, 166, 173* Klavierfabrik Pleyel entworfene Musikzimmergarnitur, Fauteuils des symbolistischen Bildhauers, Ziseleurs und Kunsttischlers Jean-Auguste Dampt *Abb. 179* (1864–1946). Auch der Schaukelstuhl von Horta mit dem in ein floreales Geschling verformten Traggestell im Palais Solvay in Brüssel und die Stühle von *Abb. 167* Mackintosh mit den überhöhten Rückenlehnen dürfen in diesem Zusammenhang genannt werden. Es gibt eigentlich keine denkbare Stuhlform, die unter den Jugendstilkreationen nicht zu finden wäre. So fern aller gedankenloser historistischer Formgebung sie immer sind, auch der Caquetoire erlebt in einer neuen eleganten Variation aus Mahagoniholz mit vergoldeten Ornamenten in *Abb. 175* einem Fauteuil, den der Architekt Ernesto Basile (1857–1932) für den Innenarchitekten Ducrocq in Palermo entworfen hat, eine Wiederkunft. Dieser Stuhl gehört allerdings zu der funktionsorientierten Gestaltungstendenz van de Veldescher Observanz.

Wenn auch die Tendenz zum Dekorativ-Symbolistischen bei den Jugendstil-Räumen und -Schöpfungen der angewandten Kunst überwiegt, in der Gestaltung der Sitzmöbel herrscht die Tendenz zu konstruktiver Klarheit und Einfachheit vor. Meist hat man auf ihre dekorative Schmückung durch Schnitzwerk oder aufgemalte Ornamente ganz verzichtet, aber auf eine der Körperhaltung und dem Gebrauchszweck angemessene Gestaltung betonten Wert gelegt. Man hat sich im wesentlichen an traditionellen Typen orientiert, ohne in der detaillierten Gestaltung sich an historische Vorbilder anzulehnen. In der Gestaltung der Rückenlehnen sind die dem Jugendstil eigenen Formvorstellungen und Linienführungen unverkennbar. Vor allem ist der konstruktive Aufbau vielfach neuartig. Die der Verstrebung der Beine dienenden Stege werden gelegentlich gebogen, wie bei Stühlen von Jallot und von Horta und einem Fauteuil von Gustave Serrurier-Bovy. Es entsteht dadurch ein neues Linienspiel unter dem Sitz, bei dem jedoch der ästhetische Effekt immerhin konstruktiv motiviert ist. Für die Einrichtung des Wohnhauses des Schriftstellers Jerôme Doucet in Clamart, die erhalten ist und unter Denkmalschutz steht, hat Eugène Gaillard (1862–1933), der für Bing arbeitete, einen ledergepolsterten Stuhl aus Mahagoniholz entworfen mit diagonalen zu den Vorderfüßen durchlaufenden Rückenlehnenleisten. Diese Diagonalstege treten in verschiedenen Formen bei Jugendstilstühlen auf. Bei einem Stuhl von Riemerschmid, von den Vereinigten Werkstätten München hergestellt und für ein Musikzimmer entworfen, kehren sie in gleicher Art wie bei dem Stuhl von Gaillard wieder. Bei einem anderen von Riemerschmid entworfenen Musikzimmerstuhl mit trapezförmigem Sitz über geschweiften Beinen hat die niedere Rückenlehne nach vorne geschweifte kurze Stützen. Bei beiden Stühlen ist die Form wesentlich durch funktionale Überlegungen bestimmt: der Musizierende muß die Arme frei bewegen können. Mit dergleichen aus praktischen Bedürfnissen, nicht aus bloß ästhetischen Vorstellungen entwickelten Stühlen und Fauteuils hat das Design um 1900 den Funktionalismus des 18. Jahrhunderts ohne Anlehnung an historische Formen fortgesetzt und dem Funktionalismus der zwanziger Jahre vorgearbeitet. Mit den Bugholzsesseln und -hockern, die Otto Wagner für das von ihm 1904/06 erbaute Österreichische Postsparkassengebäude in Wien entworfen hat, ist es einem Künstler der Jugendstilepoche vielleicht zum erstenmal das gelungen, was für van de Velde zeitlebens ein unerfüllter Wunsch geblieben ist: für die industrielle Serienfertigstellung entwerfen zu können. Wenn diese Sessel und Hocker auch nicht auf den Markt kamen, wurden sie doch in größerer Serie industriell hergestellt.

Abb. 167, 168, 173

Neuartige Konstruktionen

Abb. 177, 178

Abb. 170

Abb. 135

Form ohne Ornament

Die moderne Stuhlbautechnik und die ihr verfügbaren Materialien setzt der Verwirklichung jeder gewollten Form kaum Grenzen. Sie schließt nur eines aus: das Ornament. Die ästhetischen Ansprüche, die wir an den Stuhl stellen, konzentrieren sich desto mehr auf die in seiner Gestalt erlebbar werdende konstruktive Logik, auf die die Exaktheit der technischen Ausführung, die Ausdruckskraft des in die Erscheinung tretenden Lineaments und dessen ausgewo-

Mode gegen Vernunft

genes Verhältnis zu den flächigen Elementen, auf die optisch wie haptisch erfaßbare Qualität des Materials. Diese psychisch-ästhetischen Momente sind von den praktischen Bedürfnissen nicht zu trennen. Die Sitzwünsche werden selten voll befriedigt, wenn Sitzgeist und Sitzfleisch nicht übereinstimmen. In früheren Zeiten sind dem Sitzfleisch oft nicht geringe Opfer abverlangt worden. Aber seitdem auch die Sitzsitten demokratisiert sind, ja wir heute eher in einer Anarchie der Sitzsitten und Wünsche leben, ist es nicht mehr die Sittenstrenge, die das Sitzfleisch tyrannisiert, sondern eher die Mode. Die auf immer größere und schnellere Umsätze spekulierende Industrie reizt die Kauflust mit raschem Wechsel auf den Markt gebrachter sensationeller neuer Stuhlformen, die weder technische noch funktionale Verbesserungen bringen und ihren ästhetisch-psychischen Modetod lange vor ihrem materiellen Verschleiß sterben. Noch sind auch historische Formen auf die Walze der industriellen Fabrikation gespannt. Gleichzeitig ist aber in weiten Kreisen das Bedürfnis nach gebrauchstüchtigen, der Körperhaltung angemessenen, besonderen Funktionen entsprechend differenziert gestalteten Sitzmöbel so allgemein geworden, daß sich eine Vielzahl von Stuhltypen und -formen entwickeln konnte, die sich ästhetisch auf lange Zeit bewährt haben.

Abbildungen

31 Chaire (Kastensitz). Um 1500. Nördliche Niederlande. Aus der Kirche in Naaldwijk. Eiche. H. 143, B. 73, T. 56,5. Der Kasten kann gleichzeitig als Truhe verwendet werden. Amsterdam, Rijksmuseum

32 Chaire (Kastensitz). Ende 15. Jh. Frankreich. Eiche und Nußbaum skulpiert. Dekor der Füllungen in Gestalt eines gefalteten Pergamentblattes. Paris, Musée des Arts Décoratifs

33 Chaire mit dem Wappen der Bretagne. Ende 15. Jh. Frankreich. Eiche. Dieser Möbeltypus des 15. und 16. Jhs., mit hoher Rückenlehne, Baldachin und Kastensitz, nur in Frankreich und Flandern. Paris, Musée des Arts Décoratifs

34 Stuhl. 12./13. Jh. Norwegen. Aus der Kirche in Tyldal, Norwegen. Rückenlehne als Kreuz in frühchristlicher Form. Ornamentbänder aus Bandgeflechten, Drachen, Schlangen, Löwen, Greifen, Ranken. H. 89, B. 46, T. 51. Oslo, Universitetets Oldsaksamling

35 Rundpfostenstuhl. 13. Jh. Aus der Kirche in Baldishol (Norwegen). Birke, gedrechselt. H. 98, B. 65, T. 50,5. Oslo, Kunstindustrimuseet

36 Sessel. Aus der Garakirche in Telemark. Oslo, Kunstindustrimuseet

37 Stuhl. Aus der Kirche in Blaker, Norwegen. Anf. 13. Jh. Norwegen. Birke und Kiefer. H. 123, B. 61, T. 60. Vorderseite romanisches Rankenornament. Seitenwände Flachreliefs mit kämpfenden Männern. Oslo, Universitetets Oldsaksamling

*38 Stuhl. 1827.
Schwalm, Hessen.
Buche bemalt.
Geflochtener Sitz.
Seit den zwanziger
Jahren des 19. Jhs. häufig
Vögel anstelle von
Scheiben als oberer
Abschluß der rück-
wärtigen Pfosten.
Nürnberg, Germanisches
Nationalmuseum*

*39 Caquetoire.
16. Jh. Frankreich. Sitz
und Lehne mit
gemustertem Samt
bezogen. Paris, Musée
des Arts Décoratifs*

40 Caquetoire. Mitte 16. Jh. Frankreich. Nußbaum. Vorderbeine und Armstützen aus gedrechselten, unterschiedlich profilierten Rundhölzern. Ausschwingende Armlehnen. Sitzbrett trapezoid sechseckig. Beine durch Stege, die ein Trapez bilden, miteinander verbunden. Rückenlehne hoch und steif wie bei der Chaire, als Rahmenwerk mit Tiefschnitt und Punzmuster auf der Füllung ausgebildet. H. 107, Sh. 51, B. 63, T. 40. Frankfurt a. M., Museum für Kunsthandwerk

41 Caquetoire. Mitte 16. Jh. Frankreich. Sechseckiger Sitz. Armlehnen mit balusterartigen Stützen. Vorderbeine Säulenförmig. Rückenlehne senkrecht. Gegliedertes Rahmenwerk. Stege in H-Form. Paris, Musée des Arts Décoratifs

42 Caquetoire. Ende 16. Jh. Eiche. Vorderbeine als Säulen, Armlehnstützen und Sprosse in der Rückenlehne balusterförmig gedrechselt. Sitz trapezförmig, aber wie die Armlehne ausgeschweift, Rückenlehne geneigt, durchbrochen, Kopfbrett reich skulpiert: Federornament. Paris, Musée de Cluny

43 Caquetoire. 2. Hälfte 16. Jh. Nußbaum. Beine und Armlehnstützen aus gedrechselten profilierten Hölzern. Trapezförmiger Brettsitz. Beine durch Stege verbunden. Rücken als Rahmenkonstruktion mit reich skulpierter Füllung. Vorderzarge skulpiert. H. 113, Sh. 52, B. 62, T. 49. Frankfurt a. M., Museum für Kunsthandwerk

44 Stuhl. Mitte 16. Jh. Frankreich. H. 103,5, Sh. 57, B. 41,5, T. 34,5. Nußholz. Vorderbeine gedrechselte Rundhölzer mit vierkantigen Fußenden, in die die Beinstege eingesetzt sind. Kein Ornament. Ausgewogene, elegante Proportionen. Frankfurt a. M., Museum für Kunsthandwerk.

45 Armlehnstuhl. 1904. USA. Entwurf F. L. Wright (1869–1959). An die Chaireform angelehnt. New York, Museum of Modern Art

46 Fauteuil. 1919. Holland. Konstruktion aus schwarzbraunen Vierkanthölzern und braunen Brettern wie bei Nr. 47. Entwurf G. Rietveld. Amsterdam, Stedelijk Museum

47 Fauteuil. ›Rot-Blau-Stuhl‹. 1918. Holland. Konstruktion aus verdübelten Vierkanthölzern. Sitz und Rückenlehne aus Brettern. Konstruktion und farbige Behandlung: rote Rückenlehne, blauer Sitz, Hölzer schwarz mit gelben Schnittflächen – entsprechen dem Kompositionsprinzip der Stijl-Bewegung. H. 89, Sh. 32, B. 60, T. 45. Entwurf G. Rietveld. München, Die Neue Sammlung

48 Dreibeiniger Armlehnstuhl. Rheinland. Eiche. Kopfstück der Rückenlehne Ahorn. Spätere bäuerliche Ausbildung einer Form des 15. Jahrhunderts, die auf den romanischen Pfostenstuhl zurückgeht. Die gekreuzten Brettverstrebungen spätere Zutat. H. 68, B. 63, T. 41. Nürnberg, Germanisches Nationalmuseum

49 Dreibeiniger Armlehnstuhl. 1778. Niederrhein. Esche. Gebogener Holzspan in Armlehnenhöhe. H. 85,5. Nürnberg, Germanisches Nationalmuseum

50 Dreipfostenstuhl. 1760. Westliches Westfalen. Pflaumenholz. Sitz Nußbaum. H. 74,5. Spätere bäuerliche Ausbildung einer Form des 15. Jhs., die auf den romanischen Pfostenstuhl zurückgeht. Nürnberg, Germanisches Nationalmuseum

51 Dreiecksessel. Um 1500. In Anlehnung an spätmittelalterliche bäuerliche Form. Vgl. Abb. Nr. 48. Entwurf R. Riemerschmid. München, Die Neue Sammlung

52 Faltstuhl. 8. Jh. Sogen. Thron des Königs Dagobert. Vergoldete Bronze. H. 102, B. 70. Es ist zweifelhaft, ob der Stuhl mit Dagobert in einer Beziehung steht. Die Dekoration macht die Entstehung im 8. Jh. wahrscheinlich. Die von Abt Suger von Saint-Denis im 13. Jh. hinzugefügte Rückenlehne durch Retouche entfernt. Herkunft: Schatzkammer der Abtei von Saint-Denis. Paris, Cabinet des Medailles de la Bibliothèque Nationale

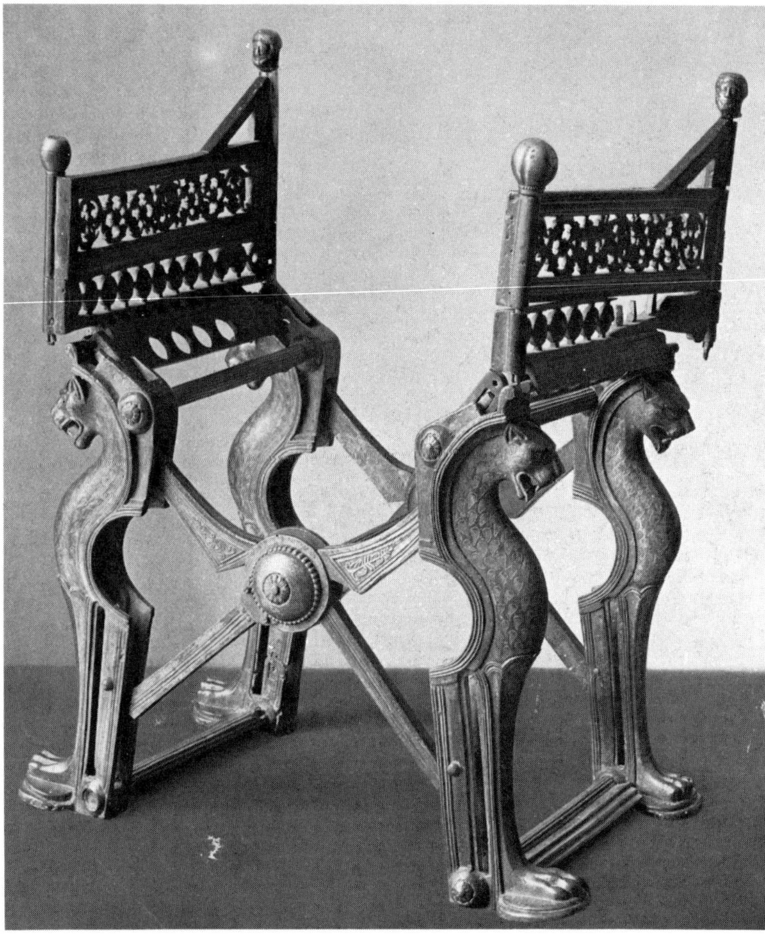

53 Detail von Abb. 52

54 Bischofssitz in der Form eines Faltstuhls (faldistorium). 14. Jh. Frankreich. Geschmiedetes Eisen. Sitzfläche aus gespanntem Leder. H. 68, B. 68. Bayeux (Calvados)

55 Faltstuhl. 1242. Salzburg. Ahorn mit Reliefs aus Walroßzahn. Löwenfüße Bronze. Ledersitz mit eingepreßten Bandmotiven. Bedeutendster erhaltener frühmittelalterlicher hölzener Faltstuhl. H. 56, B. 63, T. 46. Salzburg, Kloster Nonnberg

56 Faltstuhl. Anfang 13. Jh. Aus Kloster Admont (Steiermark). Birnbaum. H. 61, B. 56, T. 42. Ranken- und Rosettenornament durch Ausstechen des Grundes gewonnen. Drachen- und Löwenköpfe an den Kreuzholzenden. Fassung rot, grün, gelb, weiß, wohl im späteren Mittelalter erneuert. Die unteren Querbretter mit Wappen und Tieren aus dem 15. Jh. Wien, Österreichisches Museum für angewandte Kunst

57 Scherenstuhl. Anf. 16. Jh. Tirol. Buche. Aus Italien kommende Form, hat sich in ganz Europa verbreitet. H. 81, 5. B. 44, 5, T. 45. Frankfurt a. M., Museum für Kunsthandwerk

58 (oben rechts) Faltstuhl. Um 1600. München. Nußbaum. Stabilisiert mit fester Rückenlehne. Form aus Italien übernommen. Geschnitzte Löwenmaske am Kreuzpunkt. H. 108, B. 60, T. 43. München, Residenzmuseum

59 Faltstuhl. Anfang 17. Jh. Nördliche Niederlande. Nußbaum. H. 100, B. 72, T. 44. Amsterdam, Rijksmuseum

60 Scherensessel. 16. Jh. Süddeutschland. Buche. Rückenbrett drehbar zur Seite zu schlagen. Dadurch klappbar. H. 84, B. 78, T. 47. Frankfurt a. M., Museum für Kunsthandwerk

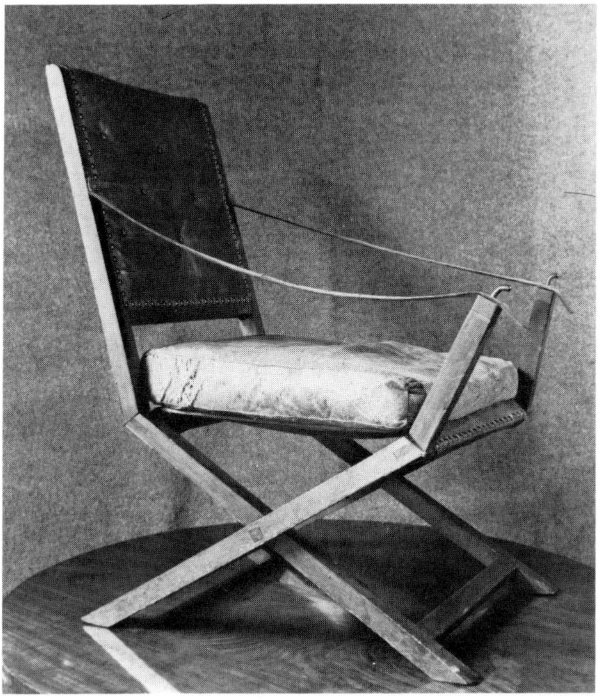

61 Faltstuhl. Um 1800. Deutschland. H. 78, B. 89, T. 44, 9. Drehachse parallel zur Sitzvorderkante. Mit einer Stoffbahn bespannt, darauf Kissen. Rückenlehne mit Leder gepolstert, durch ihre Befestigung an zwei Lederriemen mit verschiedenen Lochabständen verstellbar. Lederriemen als weiche Armauflage wie bei Kolonialstühlen und frühen Stahlrohrmodellen von Marcel Breuer. Weimar, Goethehaus

62 Faltstuhl. 1953. Dänemark. Eiche. Ledersitz. H. 75, Sh. 44, B. 40. Zusammengeklappt H. 60. Entwurf Torsten Johansson. Hersteller A. J. Iversen. Kopenhagen. München, Die Neue Sammlung

63 Klappstuhl. Modell 512. 1949. Dänemark. Eiche. Rohrgeflecht. H. 75, B. 61, T. 47. Entwurf Hans J. Wegner. Hersteller Johannes Hansen, Kopenhagen

64 Abb. Nr. 63 in zusammengeklapptem Zustand

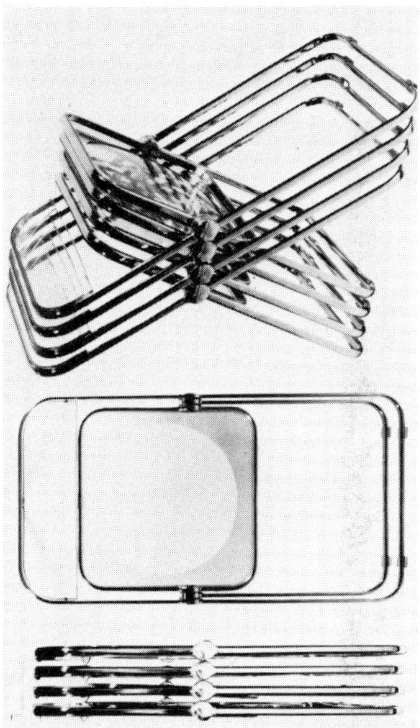

65 *Abb. Nr. 66 im zusammengeklappten und stapelbaren Zustand*

66 *Klappstuhl ›Plia‹. Um 1970. Italien. Stahlrohr. Sitz Plexiglas. Um ein dreiteiliges scheibenförmiges Gelenk klappbar. Zusammengeklappt knapp 5 cm dick. Zum Aufhängen an die Wand wurde ein Haken für 5 Stühle hergestellt. Entwurf Piretti. Hersteller Castelli KG, Bologna*

67 *Dreiteiliges scheibenförmiges Gelenk aus Abb. Nr. 66*

68 Stuhl. Spätgotisch. Deutschland. Eiche. Dreibeinig. Nürnberg, Germanisches Nationalmuseum

69 Armlehnstuhl. 1. Hälfte 19. Jh. Südbaden. Eiche. Sitz Fichte. H. 92,5. Nürnberg, Germanisches Nationalmuseum

70 Brettstuhl. 1819. Gegend Marburg, Lahn. Intarsien Mooreiche. Nußbaum. Die Technik der Dekoration für die Gegend typisch. H. 77,5. Nürnberg, Germanisches Nationalmuseum

71 Kinderstuhl mit überhöhter Rückenlehne. 1. Hälfte 19. Jh. Schwarzwald. Esche. Nußbaum. Nürnberg, Germanisches Nationalmuseum

72 Brettstuhl. Um 1800. Oberösterreich. Fichte, bemalt: grün, rot, helles Grau auf blauem Grund. H. 97,5. Nürnberg, Germanisches Nationalmuseum

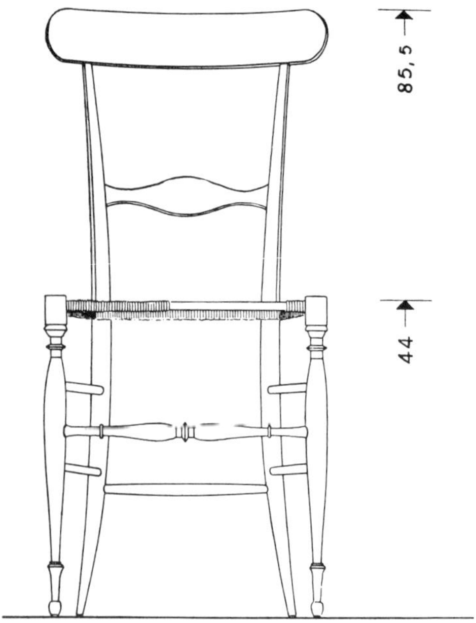

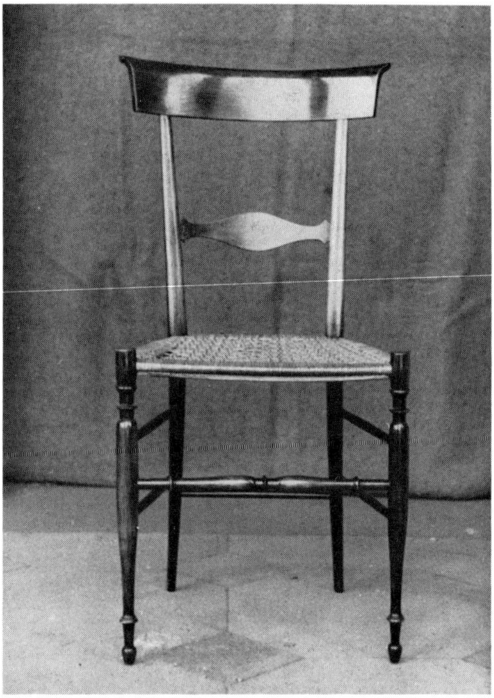

73 (oben links) Sprossenstuhl. Um 1800. Italien. Zeichnung des Stuhls Nr. 74. Aus Günther Wernitz u.a., Historische Möbel und Innenräume, Berlin 1956, S. 71

74 (oben) Sprossenstuhl. Um 1800. Italien. Palmenholz. Beine und Sprossen gedrechselt. Sitz Rohrgeflecht. H. 85, Sh. 44. Standardmodell des italienischen Stuhlbaues, das im wesentlichen unverändert heute noch hergestellt wird. Potsdam, Schloß Charlottenburg

75 Sprossenstuhl Modell ›Lucciola‹. 20. Jh. Italien. Kirschbaum poliert. Sitz indisches Rohr. H. 85, Sh. 45, B. 40, T. 43. Entwurf E. Rambaldi. Hersteller G. B. Marangone, Chiavari

76 Sprossenarmlehnstuhl. 1795. Altes Land. Esche. Bretter der Rückenlehne und Sitz Buche. Blauer Anstrich. Lehne mit ornamentierten Metallscheiben. H. 106. Nürnberg, Germanisches Nationalmuseum

77 Sprossenarmlehnstuhl. 1806. Vierlande. Gestell Esche. Rückenbrett Eiche, mit Nußbaumfurnier. H. 106. Nürnberg, Germanisches Nationalmuseum

78 Sprossenarmlehnstuhl. 1804. Nordfriesland. Esche. Rückenbrett Buche. Rotbrauner Anstrich. H. 88,5. Nürnberg, Germanisches Nationalmuseum

79 (unten) Sprossenstuhl in der Art der chaire à capucine. 1835. Ostenfeld, Kreis Husum. Esche. Buche. Rotbrauner Anstrich. H. 80,5. Nürnberg, Germanisches Nationalmuseum

80 (unten rechts) Sprossenarmlehnstuhl. 1. Drittel 19. Jh. Ostenfeld, Kreis Husum. Esche. Buche. Rotbrauner Anstrich. H. 87. Nürnberg, Germanisches Nationalmuseum

81 Sprossenarmlehnstuhl. 1797. Probstei, Schleswig-Holstein. Buche. Bäuerlich, doch Anlehnung an aristokratische Stühle des 18. Jhs. H. 113. Hamburg, Altonaer Museum

82 Sprossenarmlehnstuhl. Ca. 1770. England. Eibenholz. Sitz Rüster

83 Stühle 1. Hälfte 19. Jh. Lübeck, Museen der Stadt

Amarant (= Purpurholz-intarsien)

84 Chaise en gondole. 1814–1830. Frankreich. Gefleckter Ahorn. Gestempelt von Janselme. Frankreich, Privatbesitz

85 Stuhl. Um 1830/1840. Frankreich. Rückenlehne (mit vegetabilen Ornamenten) der Körperform sich an-schmiegend, der chaise en gondole entsprechend. Paris, Musée des Arts Décoratifs

86 Rundsessel. Ende 18. Jh. Italien. H. 87,5. Mit halbrunder Sitzfläche, eine schon aus der Antike bekannte Form. Hamburg, Museum für Kunst und Gewerbe

87 Bergère. 1. Drittel 18. Jh. Frankreich. Louis XV. Buche kanneliert und skulpiert. Museum Nissim de Camondo

88 Marquise Louis XV. Mitte 18. Jh. Frankreich. Holz kanneliert, skulpiert und bemalt. Niedere Füße, sehr breiter Sitz, niederer Rücken. H. 80, Sh. 36, B. 82, T. 62. Marquise, eine sehr breite Bergère, wurde im 18. Jh. auch Confident und Tête-à-Tête genannt. Paris, Sammlung Edmond Guérin

89 Bergère. Um 1780. Paris. J. B. C. Sené. Klassizistischer skulpierter Dekor ziemlich willkürlich verteilt. Paris, Musée des Arts Décoratifs

90 Bergère à Oreilles. Skulpiertes Holz. Gestempelt J. B. Lerouge (+ 1757)

91 Bergère à Oreilles. Louis XV. Mitte 18. Jh. Frankreich. Eiche kanneliert, skulpiert. Rohrgeflecht. Niedriger Sitz. H. 100, Sh. 29, B. 58, T. 54. Frankreich, Privatbesitz

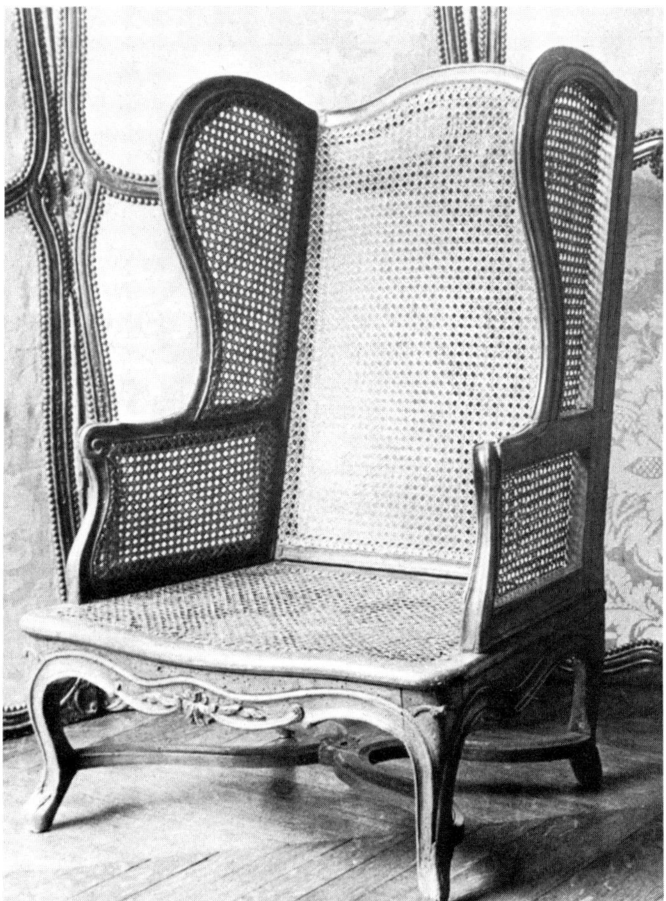

92 Bergère à Oreilles. Louis XV. Mitte 18. Jh. Frankreich. Eiche kanneliert, skulpiert. Konkav geschwungene Diagonalsprossen. Paris, Privatbesitz

93 Fauteuil. Nach 1761. Paris. L. Delanois. Nur durch parallel verlaufende Profile dekoriert. Paris, Musée des Arts Décoratifs

94 Fauteuil. Um 1770. Paris. M. Gourdin. Walnuß vergoldet. Wirkerei aus Beauvais. Lineare Einheit von Beinen und Armstützen. H. 97,1, B. 69,8, T. 57,1. London, Wallace Collection

95 Armlehnstuhl. Mitte 18. Jh. Potsdam. H. 107, B. 76, T. 60. Beine und Armstützen extravagant kapriziös verformt. Frankfurt a. M., Museum für Kunsthandwerk

96 Armlehnstuhl (en cabriolet). Um 1760. Frankreich. Louis XV. Eiche kanneliert. Sitz und Armlehnen mit Lederbezug. Rückenlehne mit Rohrgeflecht

97 Stuhl. 1. Hälfte 18. Jh. Norddeutschland (?). Buche. Rohrgeflecht. Balusterartig gedrechselte Stege. H. 122, B. 45,5, T. 39,5. Frankfurt a. M., Museum für Kunsthandwerk

98 Armlehnstuhl. Mitte 18. Jh. Oberhessen. Stempel ›C. Falck/Butzbach‹. Nußbaum. Rohrgeflecht. Sparsamer, nobler Dekor: Muschel- und Blattwerk. H. 94, B. 62, T. 48. Frankfurt a. M., Museum für Kunsthandwerk

99 Armlehnstuhl. Um 1760. Th. Chippendale. Mahagoni. H. 96, B. 68, T. 62. London, Victoria and Albert Museum

100 Armlehnstuhl. Mitte 18. Jh. England. Mahagoni. Lederbezug. Chippendale-Stil. Klassizistische Einfachheit und Klarheit.

101 Fauteuil. Paris. J. B. Tilliard. 1783–84. Holz vergoldet und skulpiert. Seidenbezug. Gerahmtes doppeltes Guirlandenmotiv. Paris, Louvre

102 Fauteuil des Gouverneurs der Banque de France. Um 1800. F. H. G. Jacob-Desmalter. Ägyptische Motive, angeregt durch den Ägyptenfeldzug Bonapartes. Paris, Musée des Arts Décoratifs

103 Fauteuil. Um 1805/10. Paris. P. A. Bellangé. Skulpiertes Holz, vergoldet. H. 101, B. 66, T. 52. Aus den Tuilerien. Frankfurt a. M., Museum für Kunsthandwerk

104 Stuhl. 1786. Paris. Jean-Baptiste Boulard. Schnitzerei von Nicolas Vallois und Jean Charny. Vergoldung von Chatard. H. 95,2, B. 55,9, T. 47. London, Wallace Collection

105 Fauteuil. Um 1780. Paris. J.-B. Lelarge. Buche skulpiert und vergoldet. Rückenlehne in Medaillonform, durch geschwungene, blättergeschmückte Stützen mit den Hinterbeinen verbunden. H. 94,6, B. 64,8, T. 53,3. London, Wallace Collection

106 Fauteuil. Ende 18. Jh. Frankreich. Birke skulpiert und vergoldet. Wirkerei aus Beauvais. H. 92,2, B. 58,4, T. 52. London, Wallace Collection

107 Fauteuil. Um 1755. London, Th. Chippendale. Über schmucklosem Untergestell mit geraden Vorderbeinen Rückenlehne im ›modern taste‹. Ornamentik gewonnen aus der Verschmelzung von Rocailleschwüngen, Blattwerk und gotisierenden Maßwerkformen. H. 96,5, B. 54,5, T. 45. London, Victoria and Albert Museum

108 Armstuhl. Um 1780. England. Mahagoni. Hepplewhite-Stil. Paris, Musée des Arts Décoratifs

109 Stuhl. Um 1790. England. Mahagoni. Hepplewhite-Stil. H. 92,5, B. 52, T. 42,5. Frankfurt a. M., Museum für Kunsthandwerk

110 Armlehnstuhl. Um 1775. England. Mahagoni. Adam-Stil. Die äußerste Verfeinerung im Detail, charakteristisch für das Louis XVI, hat ebenfalls Adam übernommen. H. 87,5, B. 58,5. London, Victoria and Albert Museum

111 Stuhl. Um 1780. Paris. Georges Jacob. Anlehnung an englische Typen. Paris, Musée des Arts Décoratifs

112 Stuhl. 1790. Berlin. Maulbeerbaumholz. Aus den im chinesischen Geschmack ausgestalteten Räumen des Charlottenburger Schloßes. Die Lehne nach den chinesischen Vorlagen Chippendales. Berlin, Schloß Charlottenburg

113 Armlehnstuhl. Anf. 19. Jh. Dänemark. Dunkles Mahagoni mit hellen Zitronenholzeinlagen. H. 83, B. 55, T. 46. Kopenhagen, Kunstindustrimuseet

114 Stuhl. Um 1800. England. Mahagoni. Sheraton-Stil. H. 88, B. 51,5, T. 41,5. Frankfurt a. M., Museum für Kunsthandwerk

115 Stuhl. Um 1800. England. Mahagoni. Sheraton-Stil. H. 92, B. 53, T. 45. Frankfurt a. M., Museum für Kunsthandwerk

116 Armlehnstuhl. Anf. 19. Jh. Berlin. Holz schwarz gefaßt mit Goldmalerei. Berlin, Schloß Charlottenburg

117 (oben links) Armlehnstuhl. Um 1900. Holz. Rohrgeflecht. H. 108, B. 59, T. 40,6. Entwurf G. Walton (1867–1933). Birmingham, City Museum and Art Gallery

118 (oben) Stuhl. 1870. Eiche, Leder. H. 107, B. 46, T. 51. Entwurf E. W. Godwin (1833–1886). Hersteller The Art Furniture Company London. London, Victoria and Albert Museum

119 Armlehnstuhl. China. Spätes Ming. Padouk. H. 88,2, Sh. 48,7, B. 59,4, T. 58,4. Kopenhagen, Museum für Kunst und Gewerbe.

120 Armlehnstuhl. ›Sussex-Stuhl‹. England. Ab 1865 von der Firma William Morris & Co. hergestellt. Auf Ebenholz gebeizte Buche. Sitz Schilfgeflecht. London, Victoria and Albert Museum

121 (links) Schemel. 1. Hälfte 16. Jh. England. Eiche. Die schräggestellten Wangen und Zargen bogenförmig ausgeschnitten. London, Victoria and Albert Museum

122 (rechts) Pfostenhocker. 1. Hälfte 17. Jh. Eiche. Schräggestellte, gedrechselte Balusterbeine. Geffrye Museum

123 (unten links) Hocker. Mitte 17. Jh. Frankreich, Privatsammlung

124 (unten rechts) Hall Chair. Spätes 18. Jh. England. Mahagoni. London, Hotspur

125 Sgabello. 2. Hälfte 16. Jh. Oberitalien. Nußbaum skulpiert. Sechseckiger Sitz auf zwei skulpierten Brettern als Stollen unter dem Sitz durch schräggestellte Bretter verzargt. (Ursprünglich hatten die Scabelli vier Stützbretter). H. 96, B. 31,5, T. 43. Frankfurt a. M., Museum für Kunsthandwerk

126 Stuhl. Um 1600. Süddeutschland (?). Nußbaum. Intarsie. In Italien entwickelter Stuhltyp. H. 131, B. 51, T. 39,5. Frankfurt, Museum für Kunsthandwerk

127 Stuhl. Um 1600. Lombardei (?). Nußbaum. Reiche Schnitzerei. H. 121, B. 51, T. 37. Frankfurt a. M., Museum für Kunsthandwerk

128 Tabouret. Um 1755. London. Th. Chippendale. Mahagoni. Das Ornament nach französischem Geschmack. Delphinfüße für die frühgeorgianische Zeit charakteristisch. H. 47,5, B. 65,5, T. 52,5. London, Victoria and Albert Museum

129 Tabouret. Mitte 18. Jh. Frankreich. Paris, Musée des Arts Décoratifs.

130 Hocker. Um 1900. Italien. Intarsien und Metallmontierungen. Signiert. Entwurf C. Bugatti (1855–1940). London, Sotheby's Belgravia

131 Bugholzstuhl. 1843–1846. Deutschland. Entwurf Michael Thonet für das Palais Liechentstein in Wien. Aus Furnieren zusammengeleimt, gepreßt und gebogen.

132 Bugholzstuhl. 1843–1846. Aus Furnieren zusammengeleimt, gepreßt und gebogen, vergoldet. Für das Palais Liechtenstein in Wien. Entwurf Michael Thonet.

133 Bugholz-Schreibtischsessel. Um 1900. Österreich. H. 74, Sh. 45, Sitz ∅ 40. Gebrüder Thonet

134 Bugholz-Stuhl. Um 1870. Österreich. Buche. Als Eßzimmerstuhl gedacht. H. 120, Sh. 48, B. 40, T. 42. Gebrüder Thonet. München, Die Neue Sammlung

Text s. S. 113

137 Bugholzstuhl. ›Sessel No. 14‹. Österreich. Buche. Farbe mittelnuß. Ringsteg. Holzsitz mit Schwertlilienornament. Um 1900. H. 90, Sh. 48, Sitz Ø 41. Der Typ wurde 1859 von der Thonet-Fabrik in Koritschan als ›billige Consumsorte‹ geschaffen und ist bis 1930 in unveränderter Gestalt hergestellt worden. Preis fl. 3.– (1930: 8,50 Mark). München, Die Neue Sammlung

◀ 135 Bugholz-Armlehnstuhl. 1904. Buche. Neusilberbeschläge. H. 77, B. 56, T. 49. Entwurf Otto Wagner (1841–1918). Wien, Galerie am Graben

136 Bugholzstuhl. Um 1930. H. 81, Sh. 45, B. 44, T. 41. Entwurf Josef Hoffmann (1870–1956). Gebrüder Thonet

138 Schaukelstuhl. Um 1890. Shaker-Manufaktur. Trapezförmiger Sitz. Viersprossige Rückenlehne. Schwach gekurvte Armlehnen. Eiche poliert. Sitz aus hellbeige-braun gestreiftem Textil. H. 112,5. Handcock, The Shaker Museum

139 Schaukelstuhl. Nach 1876. Trapezförmiger Sitz. Der Rahmen der Rückenlehne, die Armlehne und die Kufen jeweils aus einem Stück Bugholz. Sitz olivenfarbenes Textil. H. 96. Aus einer Shakermanufaktur. Chicago Illinois, Sammlung Elmar R. Pearson

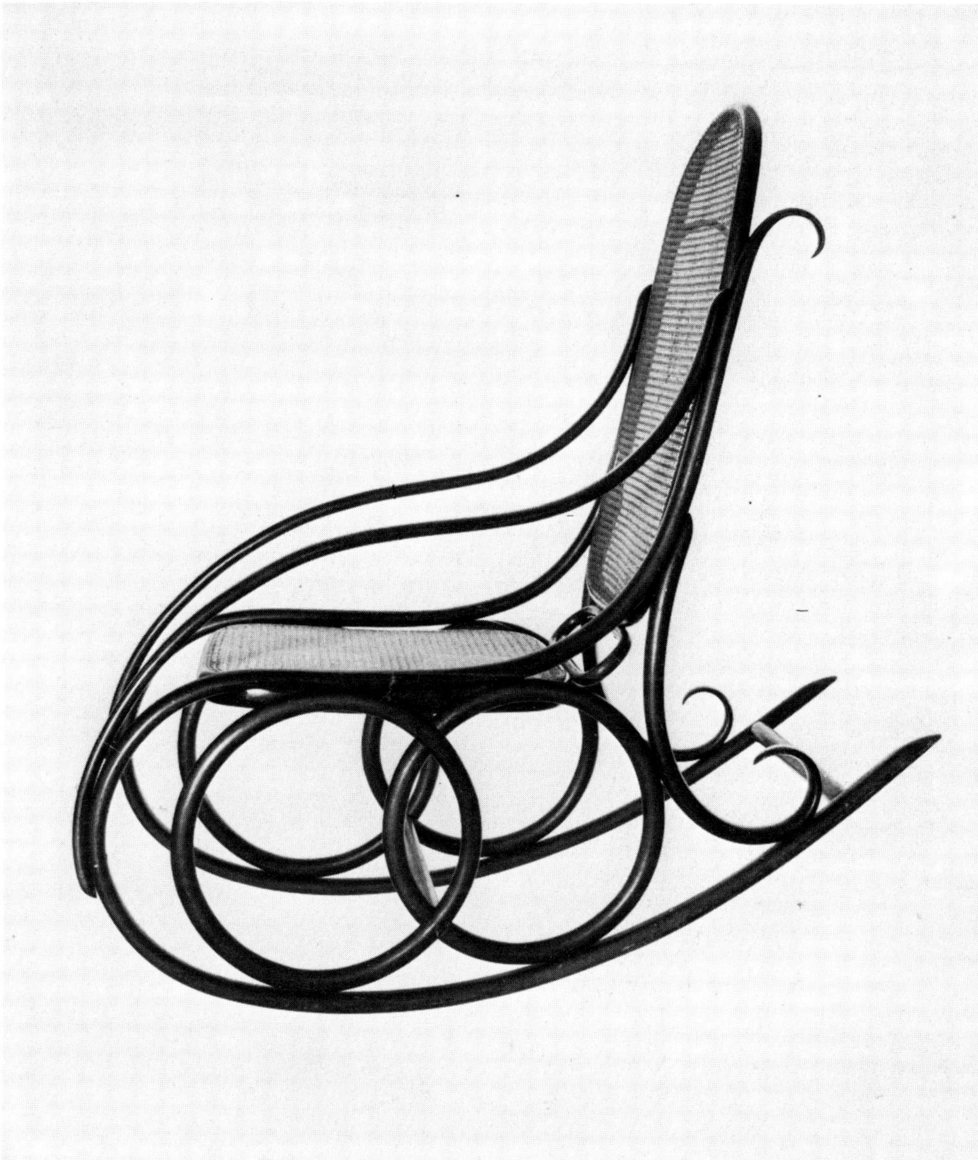

140 Schaukelstuhl. Um 1870. Österreich. Buche, massiv gebogen. Sitz und Rückenlehne Rohrgeflecht. H. 108, Sh. 44, B. 30. Thonet AG

141 Schaukelstuhl. Um 1850. Bandeisen. Samtpolsterung. München, Die Neue Sammlung

142 Gartenstühle. Um 1950 (?). Rundstahl. Sitze und Rückenlehnen federndes Stahlband. München, Casa GmbH

143 Landi-Stuhl. 1938. Schweiz. Wetterharte Aluminiumlegierung. Als stapelbarer, leicht beweglicher, nur 3 kg wiegender Stuhl für Garten, Veranda, Restaurant etc. seit der Schweizer Landesausstellung 1938, für die er gemacht wurde, bestens bewährt und immer wieder benutzt. H. 78, Sh. 44, B. 45, T. 50. Entwurf Coray und Blattmann. Wädenswil (Schweiz), P. & W. Blattmann, Metall- und Aluminium-Fabrik

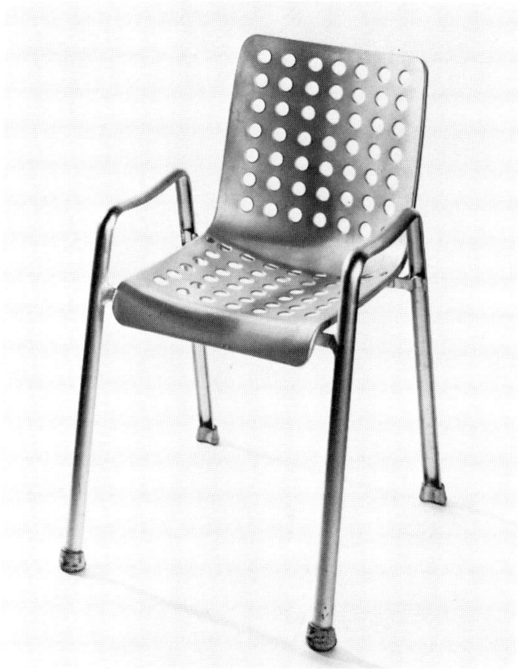

144 Zwei Stühle. Altes Modell von 1925 und Abwandlung durch Technès Bureau d'Etudes techniques et esthétiques. 1955. Paris. Lackiertes Blech. Stapelbar. Herstellung Société Industrielle des Meubles Multipl's, Lyon. München, Die Neue Sammlung

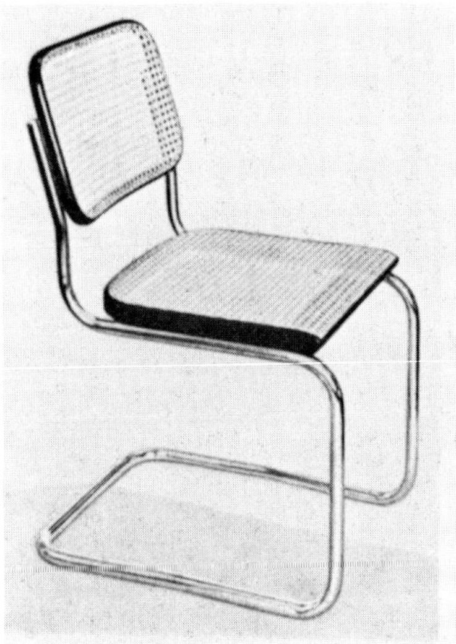

145 Stuhl Modell B 32. 1925. Deutschland. Stahlrohr verchromt. Kufen. Freischwebender, federnder Sitz. Sitz und Rückenlehne mit Rohrgeflecht in schwarz lackierten Bugholzrahmen, die dem Stahlgestell aufgeschraubt sind. H. 81, Sh. 45, B. 45, T. 45. Entwurf Mart Stam. Gebrüder Thonet. München, Die Neue Sammlung

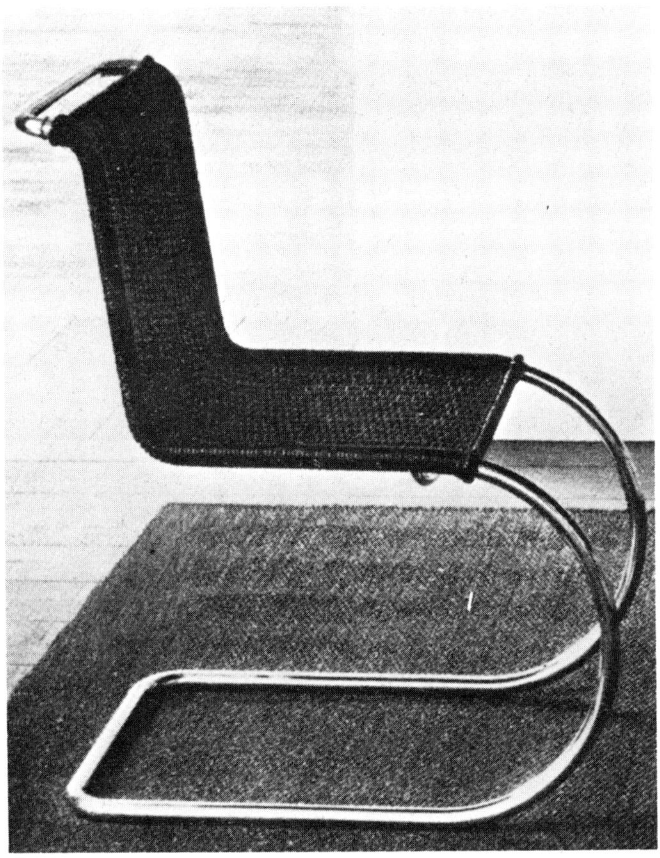

146 Stuhl MR 533. 1927. Deutschland. Vernickeltes Stahlrohrgestell mit Kufen. Hinterbeinloser federnder Sitz. Sitz und Rückenlehne mit schwarz gefärbtem Rohrgeflecht. H. 79, Sh. 44, B. 47, T. 36. Entwurf Ludwig Mies van der Rohe. Hersteller Berliner Metallgewerbe Jos. Müller, Berlin-Neukölln, später Gebrüder Thonet. München, Die Neue Sammlung

147 Fauteuil. 1930. Deutschland. Gestell aus 3 cm breitem verchromtem Stahlband. Sitz und Rückenlehne gepolstert, ursprünglich mit Schweinsleder bezogen. Federnder, hinterbeinfreier Sitz, stark schwingend. H. 80, Sh. 79, B. 49, T. 44. Entwurf Ludwig Mies van der Rohe für den Eßraum des Hauses Tugendhat in Brünn, Tschechoslowakei

148 Sessel Modell 250. ›Barcelona-Sessel‹. Entworfen für die Weltausstellung in Barcelona 1929. Spezialfederstahl hochglanzverchromt. Abnehmbare Sitz- und Rückenkissen aus anilingefärbtem Rindsleder. H. 75, Sh. 42, B. 74, T. 74. Entwurf Ludwig Mies van der Rohe. Hersteller Knoll International GmbH, Murr

149 Fauteuil. 1926. Deutschland. Verchromtes Stahlrohrgestell mit Kufen. Federnder Sitz. Sitz, Rückenlehne und Armauflagen mit Leder bespannt (meist mit Eisengarnstoff). H. 75, Sh. 46, B. 79, T. 69. Entwurf Marcel Breuer. Hersteller Gebrüder Thonet. München, Die Neue Sammlung

150 Fauteuil. 1929. Frankreich. Stahlrohrgestell verchromt. Bewegliche Rückenlehne. Armlehne aus Ledergurten. Bespannung Fohlenfell. H. 65, Sh. 38, B. 60, T. 65. Entwurf Le Corbusier in Zusammenarbeit mit Pierre Jeanneret und Charlotte Perriand. Erstmals ausgestellt 1929 im Salon d'Automne, Paris. München, Die Neue Sammlung

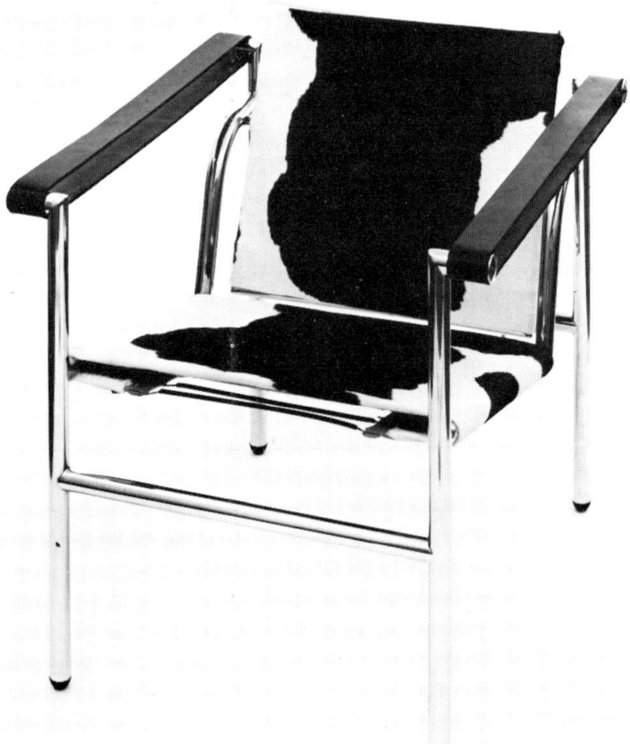

151 Sessel 198. Um 1950. Rundstahl, schwarz, kunststoffbeschichtet. Segeltuch. H. 85, B. 83, T. 75. Entwurf Hardoy, Bonet und Kurchan. Knoll International GmbH

152 Stuhl 420–2. Um 1950. USA. Rundstahl verchromt und kunststoffbeschichtet. Abnehmbares Sitzkissen. H. 75, B. 54, T. 56. Entwurf H. Bertoia. Knoll International GmbH

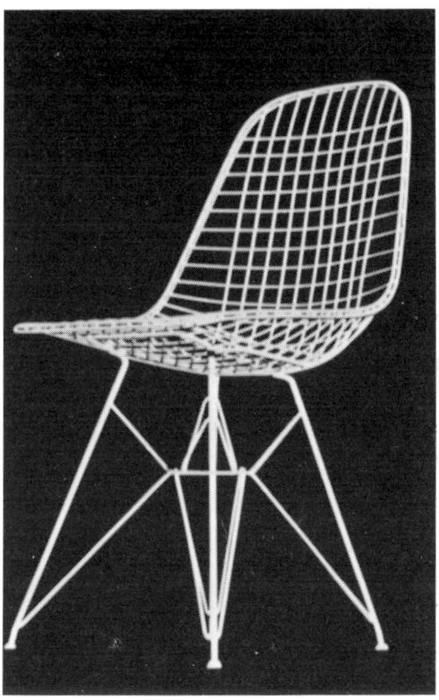

153 Stuhl. ›Wire chaire‹. 1951. USA. Stahl. Entwurf Charles Eames. Herman Miller AG

154 Stuhl ›Plywood-Chair‹. Um 1950. USA. Gebogenes Schichtholz. Nußbaum. Rückenlehne durch Gummipuffer mit dem verchromten Stahlrohrgestell verbunden. H. 73, Sh. 45, B. 49, T. 42. Entwurf Charles Eames. Herman Miller AG

155 Fauteuil 402. Um 1940. Finnland. Birke. Gebogenes Schichtholz. Freischwebender Sitz wie bei Stahlmöbeln. H. 74, Sh. 40, B. 50, T. 52. Entwurf Alvar Aalto

156 (unten links) Hocker. 20. Jh. Finnland. H. 45, ∅ 38. Entwurf Alvar Aalto. Artek, Helsinki

157 (unten) Hocker. Modell 60/3. 1. Hälfte 20. Jh. Birke. Beine aus gebogenem Schichtholz. Stapelbar. H. 44, ∅ 35. Entwurf Alvar Aalto. Artek, Helsinki

158 Liegesessel. Gebogenes Schichtholz. Entwurf Marcel Breuer. London, Sotheby's Belgravia

159 (links) Stapelbarer Stuhl. Deutschland. Polyesterharz. Stapelbar. H. 74,5, Sh. 43,5, B. 53, T. 53. Entwurf Bätzner.

160 (oben) Fauteuil DAX. Um 1950. USA. Sitzschale aus Fiberglas ungepolstert. Naturfarben grau. Stahlgestell verchromt. H. 75, Sh. 43, B. 52, T. 43. Entwurf Charles Eames. H. Miller Furniture Co., Zeeland, Michigan

161 Stuhl. Plastik. Stapelbar. Entwurf W. Panton. H. Miller AG

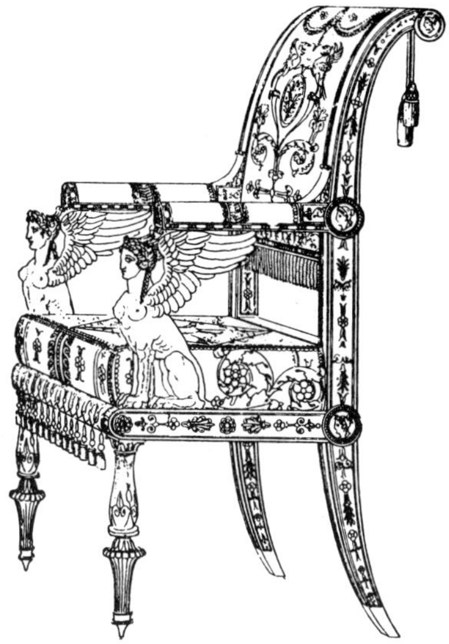

162 Stuhl. Papiermaché. Ausgestellt auf der Weltausstellung 1851 in London. Hergestellt von der Firma M'Cullum & Hodgson, Birmingham

163 Armlehnstuhl. 19. Jh. Strichzeichnung

164 Prunkfauteuil. 1851. England. Palisanderholz mit gemalter Keramikplatte in der Rückenlehne. Entwurf Henry Eyles. Prunksessel für Prinzgemahl Albert, Gatte der Königin Victoria von England. Ein Dokument des victorianischen Kunstgewerbes. London, Victoria and Albert Museum.

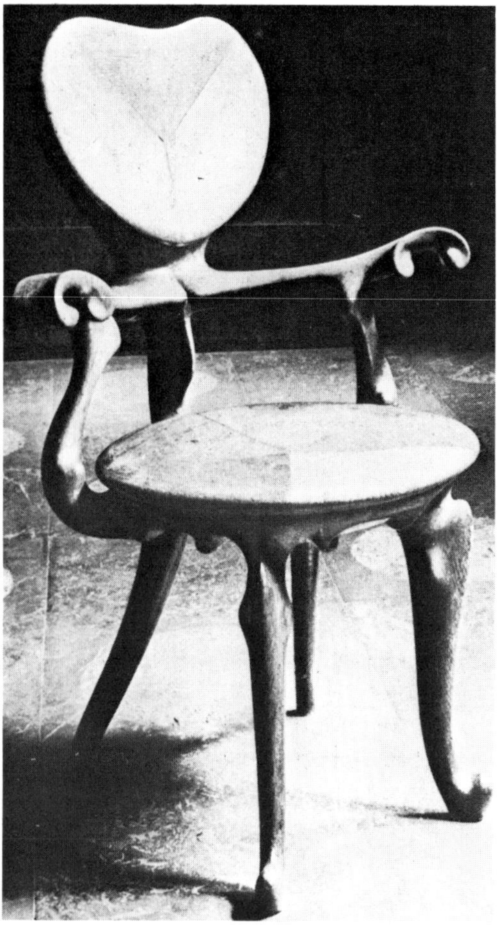

165 Armlehnsessel. Spanien. Holz. Entwurf A. Gaudi (1852–1926)

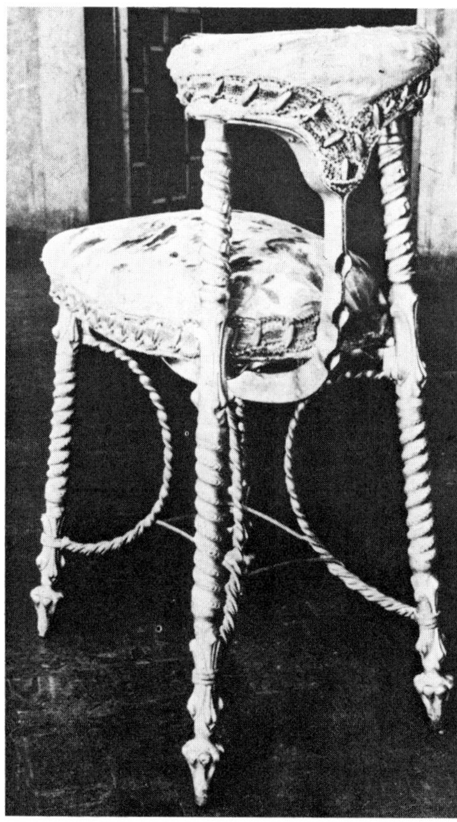

166 Polstersessel. Spanien. Entwurf A. Gaudi (1852–1926)

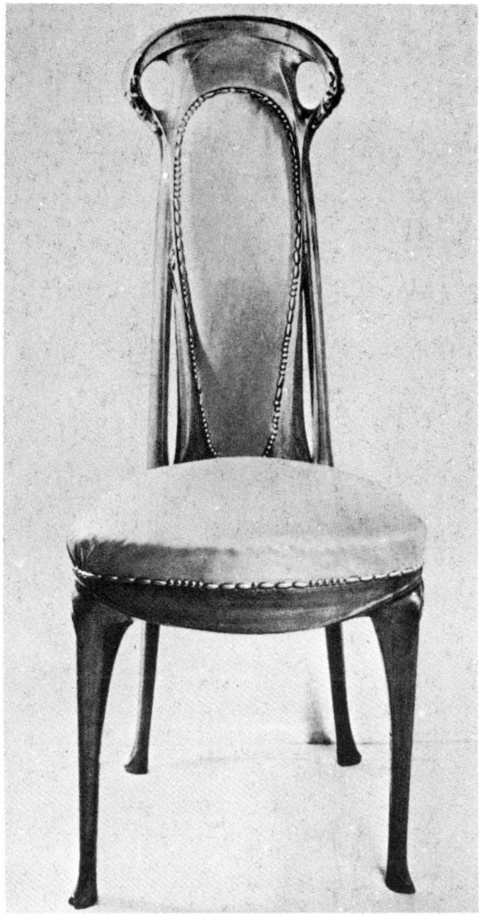

167 Stuhl. England. Eiche. Entwurf Ch. R. Mackintosh (1868–1928). New York, Museum of Modern Art

168 Stuhl. Frankreich. Sitz gepolstert. Entwurf Hector Guimard (1867–1942). New York, The Cooper Union Museum

169 Speisezimmerstuhl. Holland. 1898. Eiche. Entwurf J. Th. Prikker (1868–1932). Den Haag, Gemeentemuseum.

170 Stuhl für ein Musikzimmer. Vor 1900. Deutschland. Rüster. H.77, Sh. 48, B. 43,5, T. 44. Entwurf Richard Riemerschmid (1868–1957). Vereinigte Werkstätten München. Starnberg, Sammlung S. Wichmann

171 Armlehnstuhl. 1898. Eiche. Baumwollbezug. Für das Direktionszimmer der Revue blanche. Entwurf Henry van de Velde (1863–1957). Darmstadt, Hessisches Landesmuseum

172 Stuhl für ein Musikzimmer. 1899. Deutschland. Eiche in Rüsterton gebeizt. Vorderbein mit Rückenlehne verstrebt. Ähnliche Konstruktion bei Gaillard (Stuhl für Studio von Jerôme Doucet in Clamard) H. 90, Sh. 47, B. 45, T. 47. Entwurf Richard Riemerschmid (1868–1957). Frankfurt a. M., Museum für Kunsthandwerk

173 Fauteuil. Holz skulpiert. Frankreich. Entwurf J.-A. Dampt (1864–1946). Paris, Privatbesitz

174 Armlehnstuhl. 1904. Holz. Stoffbezug. H. 89, B. 50, T. 46. Entwurf Koloman Moser (1868–1918). Wiener Werkstätten. Wien, Galerie am Graben

175 Armlehnstuhl. Um 1900. Mahagoni und vergoldetes Holz. Entwurf in Zusammenarbeit mit M. Bergler (Maler) und Ango (Bildhauer) für den Dekorateur Ducrocq in Palermo. Form an die der Caquetoires, vgl. Abb. Nr. 42, S. 60 angelehnt. Privatbesitz

176 Armlehnsessel. Um 1900. Frankreich. Entwurf L. Majorelle (1859–1926). Skulpiertes Holz. Stoffbezug. London, Sotheby's Belgravia

177 Speisezimmer-Sessel. 1899. Eiche. Leder. H. 102, B. 60, T. 62. Entwurf Gustave Serrurier-Bovy (1856–1910). Château d'Ayeneux, Mr. Bouvy Coupery de St. Georges

178 Sessel. 1897/98. Obstbaumholz. Velours. H. 95,5, B. 73,5, T. 71. Entwurf Victor Horta (1861–1947). Brüssel, Privatsammlung

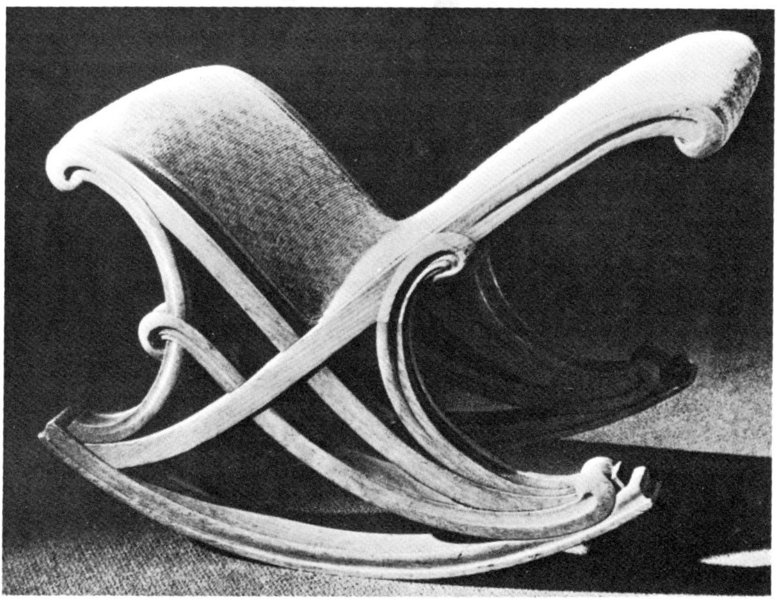

179 Schaukelstuhl. 1895. Entwurf Victor Horta (1861–1947). Angeregt wohl durch Bugholzschaukelstühle. Brüssel, Palais Solvay

180 Stuhl. Um 1927. Deutschland. Kirschbaum. Entwurf E. Dieckmann. München, Die Neue Sammlung

181 Armlehnstuhl. Um 1928. Deutschland. Eiche. Leicht nach hinten geneigte Sitzfläche und schräg gestellte Rückenlehne mit Rost als Polsterkissenauflage sind in ein Holzgestell geschoben. H. 77, Sh. 27 (ohne Polster), B. 64, T. 80. Entwurf E. Dieckmann. München, Die Neue Sammlung

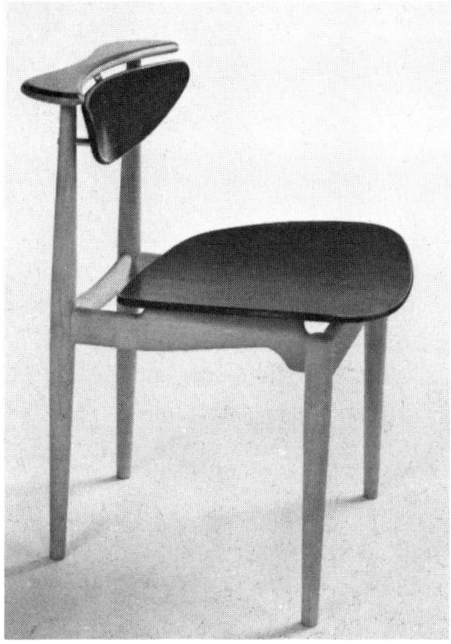

182 Stuhl Modell 351. 1953. Deutschland. Buche gebeizt. Binsensitz. H. 76, Sh. 46, B. 46, T. 43. Entwurf Georg Leowald. Wilkhahn, Espelkamp-Wittwald.

183 Stuhl BO 62. 1953. Dänemark. Eiche. Sitz und Rückenlehne Schichtholz. Teak. Furniert. H. 72, Sh. 43, B. 50, T. 42. Kopfbrett zum Aufstützen des Arms bei Quersitz, vgl. Voyelle Abb. 201, S. 144. Entwurf Finn Juhl. Bovirke Kopenhagen. München, Die Neue Sammlung

184 Dreibeinstuhl (Modell 4103). 1952. Dänemark. Buche. Sitz Schichtholz mit Teakfurnier. Stapelbar. H. 73, B. 46, T. 47, Sh. 43. Entwurf Hans J. Wegner. F. Hansen Eft., Kopenhagen. München, Die Neue Sammlung

185 Untersicht des Dreibeinstuhls Abb. 184

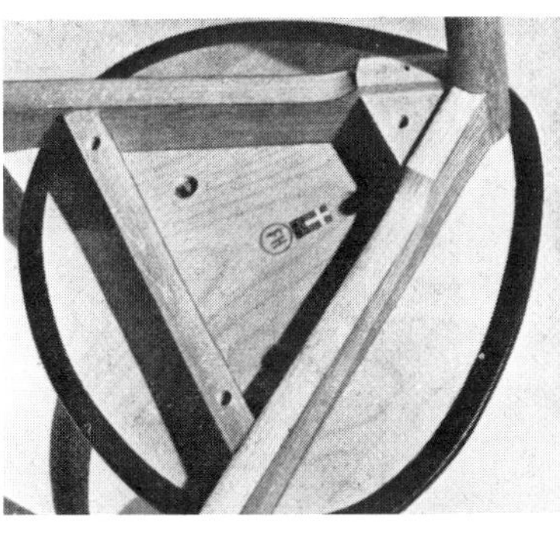

186 Schreibtischsessel 1172a. 1958/59. Deutschland. Eiche geölt. Schwarzer Lederbezug. H. 73, Sh. 45, B. 55, T. 54. Entwurf Helmut Magg. Deutsche Werkstätten, München

187 Korbsessel. Um 1950. Deutschland. Weidengeflecht Natur. H. 77, Sh. 35–27. B. 93, T. 79. Entwurf Egon Eiermann. H. Murmann, Johannistal. München, Neue Sammlung

188 Korbsessel. 1931. Deutschland. Gestell Malakkarohr. Bondotgeflecht. Entwurf Erich Dieckmann. Diese Materialkombination ist eine der wärmsten und solidesten und fürs Freie besonders geeignet. H. 70. Coburg, Dusco AG

189 Korbsessel. 1930. Deutschland. Peddigrohr. H. 80. Entwurf E. Dieckmann. Weimar Bau, Weimar

190 Korb-Liegestuhl. 1931. Deutschland. Gestell Malakkarohr. Bondotgeflecht. Entwurf Erich Dieckmann. H. 80. Dusco AG, Coburg

191 Zweisitzstuhl. 1955. Schweiz. Stahlrohrgestell, schwarz lackiert. Sitz und Rückenlehne mit Rohrgeflecht. Durch Kippen von Sitz und Rückenlehne als Stuhl mit 45 cm Sitzbreite oder als Fauteuil mit 36 cm Sitzhöhe und niederen Armlehnen verwendbar. Höhe 87, bzw. 69, B. 42, T. 43, bzw. 45. Entwurf Reni Trudinger. Werkgenossenschaft Wohnhilfe, Zürich

192 Truhensitz. Um 1500. Nördliche Niederlande. Eiche. Rückenlehne umklappbar, daher ein vor dem Kamin verwendbarer Sitz. H. 75,5, B. 78, T. 50,5. Amsterdam, Rijksmuseum

193 Spinnstuhl. Anfang 19. Jh. Tirol. Gestell Esche, Rückenlehne Kiefer und Buche. Verzicht auf eine Armlehne zur ungehinderten Beweglichkeit bei der Arbeit. Auch in Niederdeutschland ist dieser Stuhltypus verbreitet. H. 87. Nürnberg, Germanisches Nationalmuseum

194 Frisierstuhl (Fauteuil à coiffer oder Fauteuil à poudrer). Louis XV. Mitte 18. Jh. Frankreich. Eiche skulpiert, farbig gefaßt. Armlehnen mit Ledermanschetten. H. 82, Sh. 33, B. 55, T. 50. Paris, Privatbesitz

195 Frisierstuhl (Fauteuil à coiffer oder Fauteuil à poudrer). Louis XV. Mitte 18. Jh. Frankreich. Holz kanneliert, vergoldet. Wildlederbezug. Füße durch Diagonalsprossen verbunden. H. 75, Sh. 45, B. 63, T. 50. Paris, Privatsammlung

196 Schreibtisch-Sessel. Mitte 18. Jh. Frankreich. Eiche kanneliert und skulpiert. Wildlederbezug. Runder Sitz drehbar. H. 88, Sh. 35, B. 44, T. 50. Paris, Slg. E. Guérin

197 Schreibtisch-Sessel. Detailansicht der Vorderzarge und Untersicht des Sessels Abb. 196

198 Schreibtischstuhl. 1. Drittel 18. Jh. Frankreich. Eiche skulpiert. Rohrgeflecht. Rocailleornament. H. 90, Sh. 46, B. 65, T. 50. Paris, Slg. E. Guérin

199 Schreibtischstuhl oder Armlehnsessel für den allgemeinen Gebrauch in der Form der Schreibtischsessel. Ca. 1740. England. Nußbaum. London, Hotspur

200 Schreib- und Lese-Stuhl. Um 1720. England. Mahagoni. Lederpolster. Ehemals im Besitz des Dichters John Gay (1685–1752). Stühle dieses Typs wurden in englischen Bibliotheken verwendet. Man saß rittlings auf dem Stuhl und legte seine Arme auf die gepolsterten Armlehnen, an denen Tablette für Schreibzeug etc. befestigt sind. London, Victoria and Albert Museum

201 Voyelle. Ca. 1755. Frankreich, Privatsammlung

202 Voyeuse. Ca. 1755. Frankreich. Stempel von J. B. Tilliard. Der dem Spiel Zuschauende konnte sich auf das Kissen der Rückenlehne stützen. Paris, Musée des Arts Décoratifs

203 Spielstuhl in Schemelform. 1760–1780. Frankreich. Einlegearbeit in Rosenholz. Bronzeschuhe. Lederbezug. Arbeit von N. Petit (1732–1791), bezeichnet: Au nom de Jesus. Slg. Penard Fernandez

204 Schreibpultsitz. Um 1800. Aus Goethes Arbeitszimmer in Weimar. In der Form der französischen ›Sièges à jeu‹. Hier benutzt, um rittlings darauf vor dem Schreibpult zu sitzen. Weimar, Goethehaus

205 Arbeitsstuhl K 65. 1933–1935. Finnland. Birke. H. 60, ∅ 35. Entwurf Alvar Aalto. Helsinki, Artek

206 Babystuhl. 5. Jh. v. Chr. Griechenland. Tonnenartiger Stuhl mit Öffnungen, durch die die Beine des Kindes gesteckt werden. Innenbild einer attischen Trinkschale. Brüssel, Musée du Cinquantenaire

207 Kinderstuhl. 1772. Gadertal, Tirol. Fichte. H. 44,5. Nürnberg, Germanisches Nationalmuseum

208 Baby-Stuhl. 17. Jh. Niederlande. Geschweifte Rücken- und Armlehnen. Aus dem Gemälde von G. Metsu (1629–1667) ›Das Bohnenfest‹. München, Alte Pinakothek

209 Kinderlaufstuhl. 1792. Graubünden. Holz bemalt. Im 18. Jahrhundert ›Lauff-Wagen‹ genannt. H. 33,5. Basel, Schweizerisches Museum für Volkskunde

210 Kinderstuhl. Um 1625. England. Eiche. Rückenlehne skulpiert und mit Intarsien-Pflanzenornament, geschnitzte Initiale RW und Datum 1680 (Stuhl vermutlich aber älter). London, Victoria and Albert Museum

211 Kinderstuhl. Um 1830/40. Niederlande. Esche. Auf der Rückseite der Lehne Name und Pflanzendekor. H. 82. Nürnberg, Germanisches Nationalmuseum

212 Kinderstuhl. 1. Hälfte 19. Jh. Buche. Rückenlehne Birke. Konstruktion Brettstuhl. H. 97. Nürnberg, Germanisches Nationalmuseum.

213 Baby-Stuhl. 1957. Dänemark. Im Halbrund gebogenes Buchenschichtholz mit Einschnitten, in die zwei Bretter für Sitz und Tisch in passender Höhe eingeschoben werden. H. 41, B. 40, T. 30. Entwurf K. Vedel. Torben Ørskov & Co., Kopenhagen

214 Babystuhl. 1956. Dänemark. Buche. Sprossenkonstruktion. H. 71, B. 45, T. 43. Entwurf Nanna und Jörgen Ditzel. Kolds Savvaerk, Kerteminde Dänemark. München, Die Neue Sammlung

215 Kolonialstuhl (Safaristuhl), 1933. Dänemark. Esche. Hell oder dunkel gebeizt. Sitz und Rückenlehne grünes oder khakibraunes Leinen. Armlehnen Leder. Der Kolonialstuhltyp wurde in der zweiten Hälfte des 19. Jhs. erfunden. Er ist wohl das erste Paketmöbel. H. 80, Sh. 32, B. 56, T. 56. Entwurf Kaare Klint. Rud. Rasmussens, Kopenhagen

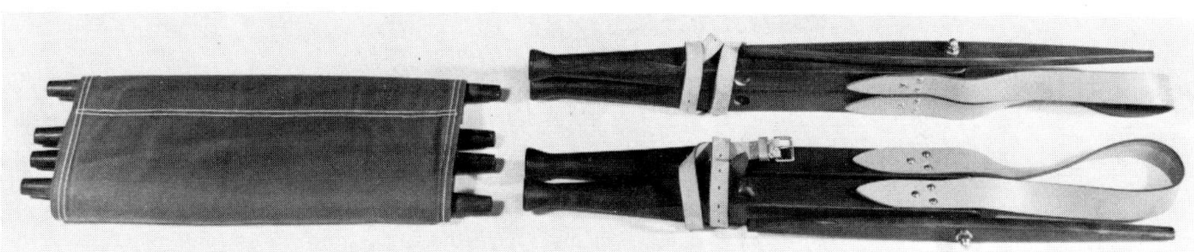

216 Kolonialstuhl zusammengelegt, siehe Abb. 215

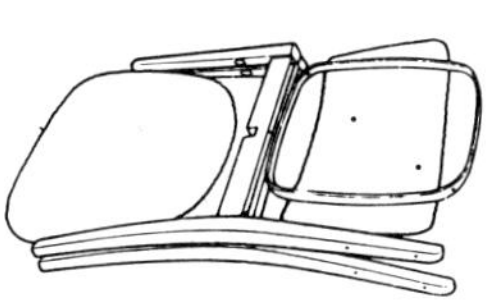

217 Stuhl Modell 5161–013. Um 1940. Schweden. Birke. Kreuzzarge, Ringsteg. Rückenlehne gebogen. Flachpolster auf Sitz und Rücken. Leicht montierbares Paketmöbel zum Versand in Spezialverpackung. Gesamthöhe 79. Stockholm, Nordiska Kompaniet

Literaturverzeichnis

Zur Geschichte des Möbels allgemein

Havard, H., Dictionnaire de l'ameublement et de la décoration, Paris 1909.

Feulner, Adolf, Kunstgeschichte des Möbels. 3. Aufl. Berlin 1927.

Schneck, Adolf G., Das Möbel als Gebrauchsgegenstand. 4 Bände. Stuttgart 1929–1939.

Dieckmann, Erich, Möbelbau in Holz, Rohr und Stahl. Stuttgart 1931.

Hoffmann, H., Sitzmöbel aus sechs Jahrhunderten. Stuttgart 1938.

Hatje, Gerd, Neue Möbel. Stuttgart 1971.

Wernitz, Günther u. a., Historische Möbel und Innenräume. Berlin 1956.

Sembach, Klaus-Jürgen, Möbel, in: Seling, Helmut, Jugendstil. München 1959, Seite 65–96.

Schneck, Adolf G., Neue Möbel vom Jugendstil bis heute. München 1962.

Koller, L. J., Moderne Wohnkultur und Serienmöbel. München 1964.

Richter, G. M. A., The furniture of the Greeks, Etruscans and Romans. London 1966.

Jedding, H. und Meister, P., Das schöne Möbel im Lauf der Jahrhunderte. 6. Aufl. München 1973.

Deneke, Bernward, Bauernmöbel. 2. Aufl. München 1974.

Müller-Christensen, Sigrid, Alte Möbel vom Mittelalter bis zum Biedermeier. München (1948). 8. Aufl. Vom Mittelalter bis zum Jugendstil. München 1974.

Sprigg, J., By Shaker hands. New York 1975.

Austen, Brian, Englische Möbel im Lauf der Jahrhunderte. München 1975.

Stuhl speziell

Dufrene, Le Siège in: Art et Décoration. Juillet 1913.

Schneck, Adolf G., Der Stuhl. Stuhltypen aus verschiedenen Ländern. Stuttgart 1928.

Janneau, Guillaume, Le Siège en France du moyenâge à nos jours. 343 photographies de Pierre Devinoy. Commentaire des tables de Madeleine Jarry. Paris 1948.

Janneau, Guillaume, Le Meuble léger en France. Paris 1948.

Wentzel, H., Altes Gestühl in Schleswig-Holstein und Vierlanden. Elmshorn 1948.

Edwards, Ralph, A History of the English Chair. Victoria and Albert Museum. London 1951.

Muthesius, Volkmar, Du und der Stuhl. Berlin 1953 (Ullstein).

Ditzel, Nanna u. Jörgen, Danske Stole. Danish Chairs. 87 Abb. Copenhagen 1954 (Host & Sons Forlag).

Feduchi, L. M., Antologia de la silla española. Madrid 1957.

Hassenpflug, Gustav, Stahlmöbel. Hrsg. v. d. Beratungsstelle für Stahlverwendung Düsseldorf. 221 S., 402 Abb. Düsseldorf 1960.

Gloag, J., The Englishman's chair. Origins, design and social history of seat furniture in England. London 1964.

Fitzgerald, Ch. P., Barbarian Beds. The origin of the chair in China. London 1965.
Culetto, K., Stapelstühle. Basel 1967 (Schriften des Gewerbemuseums Basel 5).
Jox, E. T., The Country Life Book of Chairs. London 1967.
Kyrielis, H., Throne und Klinen. Studien zur Formengeschichte altorientalischer und griechischer Sitz- und Liegemöbel. Berlin 1969.
Janneau, Guillaume, Les Sièges. Paris 1974.
Culetto, K., Bugholzstühle. Basel o. J. (Schriften des Gewerbemuseums Basel 9).
mead-more, Clement, The modern chaer. Clasics in production. London 1974.
Alison, F., Charls Rennie Mackintosh, as a Designer of chairs. London 1976.

Stuhl/Konstruktion

Nothhelfer, Karl, Das Sitzmöbel. Ravensburg 1948.
Klatt, Erich, Die Konstruktion alter Möbel. Stuttgart 1961.
Frey, Gilbert, Das moderne Sitzmöbel von 1850 bis heute. Teufen (Schweiz) 1970.

Ausstellungskataloge

Der Stuhl, die Geschichte seiner Herstellung und seines Gebrauchs. Gewerbemuseum Basel. 1934. 40 Seiten Text (H. Kiezle, Georg Schmidt). Ohne Abbildungen.
Der Stuhl, seine Funktion und Konstruktion von der Antike bis zur Gegenwart. Die Neue Sammlung München. 1960. 14 Seiten Text (Hans Eckstein), 50 Abbildungen.
Bugholzmöbel – Das Werk Michael Thonets. Ein Wiener Sessel erobert die Welt. Österreichisches Bauzentrum Wien 1965. 8 Seiten, 45 Abbildungen (Text von Karl Mang).
Form from Process. The Thonet Chair. Carpenter Center for the Visual Arts, Harvard University, Cambridge, Massachusetts. 1967 (75 Abbildungen).
Modern Chairs 1918–1970. Whitechapel Art Gallery. London 1970.
Kindermöbel-Spielobjekte. Kunstgewerbemuseum. Köln 1973 (B. Markowsky).
Stühle aus Stahlrohr, 1925–1940. Krefeld 1975. 47 Seiten, zahlreiche Abbildungen (Text von G. Fiedler).

Namen- und Sachregister

zum Text- und Bildteil

Kursiv gesetzte Seitenzahlen verweisen auf die betreffenden Abbildungsseiten